高等学校数字媒体专业规划教材

Premiere Pro CS5
数字视频制作

苏智 张新华 鲁娟 编著

U0324471

清华大学出版社

北京

内 容 简 介

　　根据高职高专教学的培养目标及课程特点,本书参照 NACG 电视节目制作师等职业资格考试要求,包含完成职业岗位实际工作任务所需的知识、能力、素质要求的内容,以项目引领任务驱动,精心设置了 7 个情景项目和 1 个实训项目,每个项目又分解成若干典型工作任务,组成以任务驱动的、任务目标明确的教学模块和单元,让读者通过一个个工作任务的完成,掌握非线性编辑基本流程和视频编辑方法,熟练掌握 Premiere Pro CS5 软件的运用技巧。

　　本书可以作为中高职数字媒体类、广播电视、广告学或教育技术学等专业的学生教材,以及各类计算机教育培训机构的专用教材,也适合广大初、中级计算机爱好者、影视专业人员、影视爱好者自学使用。

图书在版编目(CIP)数据

　Premiere Pro CS5 数字视频制作/苏智,张新华,鲁娟编著. —北京:清华大学出版社,2016
(2020.1重印)
　高等学校数字媒体专业规划教材
　ISBN 978-7-302-42305-8

　Ⅰ. ①P…　Ⅱ. ①苏…　②张…　③鲁…　Ⅲ. ①视频编辑软件－高等学校－教材　Ⅳ. ①TN94

　中国版本图书馆 CIP 数据核字(2015)第 287023 号

责任编辑:张　玥　薛　阳
封面设计:何凤霞
责任校对:时翠兰
责任印制:杨　艳

出版发行:清华大学出版社
　　　　　网　　　址:http://www.tup.com.cn,http://www.wqbook.com
　　　　　地　　　址:北京清华大学学研大厦 A 座　　　　　邮　　编:100084
　　　　　社 总 机:010-62770175　　　　　　　　　　　　邮　　购:010-62786544
　　　　　投稿与读者服务:010-62776969,c-service@tup.tsinghua.edu.cn
　　　　　质量反馈:010-62772015,zhiliang@tup.tsinghua.edu.cn
　　　　　课件下载:http://www.tup.com.cn,010-83470236
印 装 者:三河市少明印务有限公司
经　　销:全国新华书店
开　　本:185mm×260mm　　　　　印　　张:11　　　　　字　　数:261 千字
版　　次:2016 年 8 月第 1 版　　　　　　　　　　　　　　印　　次:2020 年 1 月第 3 次印刷
定　　价:29.50 元

产品编号:067172-01

前言

　　Adobe Premiere Pro 是目前流行的非线性编辑软件,是数码视频编辑的强大工具,它以其合理化界面和通用高端工具,兼顾了广大视频用户的不同需求,可以在各种平台下和硬件配合使用,广泛应用于电视台、广告制作、电影剪辑等领域。目前 CS5 以后的版本除了支持高清,还有 32 位和 64 位的版本之分(CS5.5 只有 64 位的版本),成为 PC 和 MAC 平台上应用最为广泛的视频编辑软件。

　　本教材详细介绍 Premiere Pro CS5 数字视频编辑和剪辑制作的方法和技巧,采用以项目引领任务驱动的教学法和课程开发方法,也应用了课程范型的概念,从影视编辑基础、剪辑技术初步应用、动画制作、转场特技的制作、视频特技效果制作、字幕、配音与声音特效、视频输出、综合实训等内容入手,以完成具体的项目为目标,将每个项目又分解为多个任务,每个任务均包含"预备知识"和"任务实施"两个部分。在每个任务中都精心挑选与实际应用紧密相关的知识点和案例,从而让读者在完成某个任务后,能马上在实践中应用从中学到的技能。

　　本书由长期从事非线性编辑、视频特效及后期合成等教学的一线教师及独立负责过企业广告及宣传片设计、摄制工作的资深从业人员精心编著,除苏智、张新华、鲁娟署名外,胡志丽、孙琳、汪伟、李婷婷、骆昌日、涂洪涛、侯自力、夏敏等也参加了本书编写以及相关配套资源的建设,王路群担任主审,武汉流星时代广告传播有限公司、武汉软件工程职业学院励志林语工作室给予了技术支持,在此一并表示感谢!

　　本教材提供了立体化教学资源,包括课件、教学视频、案例和扩展训练素材及源文件、行业和企业认证模拟题及答案等,可通过云盘或邮箱 benfsz988@qq.com 联系获取。由于时间仓促,水平有限,书中疏漏之处在所难免,恳请广大读者批评指正。

编　者

2016 年 4 月

目 录

项目1 影视编辑基础

项目导读

影视是需要存精去粗的艺术，影视作品的制作是一个系统工程，它包括策划、构思、采访、拍摄、剪辑、特技合成、解说配音、字幕等多道工序。后期制作将前期拍摄的视觉素材与声音素材重新分解、取舍、组合、编辑，最终编成一个能传达创作者意图的作品，是影视作品创作的主要组成部分、一部影片从拍摄到完成的一次再创作。因此，影视编辑人员应该掌握相应的理论和视频编辑知识。

知识与学习目标

技能方面：
（1）掌握影视作品后期非线性编辑的基本工作流程；
（2）掌握 Premiere Pro CS5 的操作环境。

理论方面：了解非线性编辑及其特点、非线性编辑系统的构成；掌握非线性编辑的技术流程。

1.1 任务1 非线性编辑技术

1.1.1 任务说明

非线性编辑的实现，需要软件和硬件的支持，非线性编辑系统主要是以计算机平台为基础，配以专用的视频采集卡、高速大容量的硬盘以及相应的视频编辑软件等构成，用来完成视频节目的后期制作。视频文件有不同的格式，可以通过相应软件进行格式转换。

1.1.2 预备知识

1. 线性编辑与非线性编辑

随着计算机技术在影视制作中的应用，使得艺术与技术得到了完美的结合，也产生了非线性编辑这个概念。非线性编辑是相对于线性编辑而言的，传统的编辑方法称为线性编辑。

线性(Liner)是指连续的磁带存储视音频信号的方式,信息存储的物理位置与接收信息的顺序是完全一致的,基于磁带的编辑系统则称为线性编辑系统。线性编辑是用电子手段根据节目的要求将素材链接成新的连续画面的技术,其所需的设备种类繁多、构成复杂,可靠性相对降低。而非线性(Non-liner)编辑是把输入的各种视音频信号进行模拟/数字信号变换,采用数字压缩技术将信息存入计算机硬盘中,以计算机为工作平台,通过相应软件支持,对存储的素材进行任意调用、加工和修改,从而利用一台计算机就完成了传统电视节目后期制作的线性编辑系统中录像机、特技机、字幕机、调音台等一大堆设备所做的工作。因此非线性编辑具有信号处理的数字化、素材的随机存取和编辑方式的非线性、信号质量高、制作水平高等特点。

基于计算机的数字非线性编辑技术使剪辑手段得到很大的发展,将素材采集到计算机中,利用计算机进行编辑。它不但可以提供各种编辑机所有的特技功能,还可以通过软件和硬件的扩展,提供传统编辑机无能为力的复杂特技效果。计算机制作的各种动画、特技效果通过数字合成技术与已有的素材画面进行组合,同时对画面进行大量的修饰、美化,形成完整的节目。

目前,非线性编辑主要用于电视节目、广告的后期制作、电影剪辑、多媒体光盘设计以及计算机游戏制作等领域。一套非线性编辑系统由两大部分组成,即硬件系统和软件系统。硬件系统包括计算机、视频非编卡或 IEEE 1394 卡、声卡、大容量存储器、专用板卡(如特技卡)以及外围设备。为了直接处理高档数字录像机发送来的信号,有的非线性编辑系统还带有 SDI 标准数字接口,以充分保证数字视频的输入、输出质量。从软件上看,非线性编辑系统主要由非线性编辑软件以及二维动画软件、三维动画软件、图像处理软件和音频处理软件等外围软件构成。随着计算机硬件性能的提高,视频编辑处理对专用器件的依赖越来越小,软件的作用则更加突出。Adobe 公司的 Premiere 是一个不错的非线性编辑软件,配合 Adobe 公司的 After Effect 软件的使用,可以制作出不凡的效果。

未来的非线性编辑将会越来越实际地走进人们的身边,家庭娱乐、DV 制作、MTV 制作等,将成为人们生活的一部分。非线性编辑系统将发挥它更加强大的作用,为专业爱好者和非专业人士提供更多的便利。

2. 常用术语

1) 帧与时基

帧(Frame)与时基(Time Base)是电视、影像和数字电影中的基本信息单元。如在北美,标准剪辑以每秒 30 帧(frames per second,fps)的速度播放,时基等于每秒 30 帧(fps)。

2) 电视制式

电视制式是用来实现电视图像信号和伴音信号,或其他信号传输的方法和电视图像的显示格式,以及这种方法和电视图像显示格式所采用的技术标准。

电视制式有很多种,对于模拟电视,有黑白电视制式,彩色电视制式,以及伴音制式等;对于数字电视,有图像信号、音频信号压缩编码格式(信源编码),以及 TS 流(Transport Stream)编码格式(信道编码),还有数字信号调制格式以及图像显示格式等制式。

在黑白电视和彩色电视发展过程中,分别出现过许多种不同的制式。制式的区分主要在于其帧频（场频）的不同、分解率的不同、信号带宽以及载频的不同、色彩空间的转换关系不同等。世界上现行的彩色电视制式有三种：NTSC（National Television Standards Committee）制（简称 N 制）、PAL（Phase Alternation Line）制和 SECAM 制。

（1）NTSC 制式

NTSC 是 National Television Standards Committee 的缩写，意思是"（美国）国家电视标准委员会"。NTSC 电视全屏图像的每一帧有 525 条水平线。这些线是从左到右从上到下排列的。每隔一条线是跳跃的，所以每一个完整的帧需要扫描两次屏幕：第一次扫描是奇数线，另一次扫描是偶数线。每次半帧屏幕扫描需要大约 1/60s；整帧扫描需要 1/30s。这种隔行扫描系统也叫 Interlacing（也是隔行扫描的意思）。

NTSC 制式的帧速率为 29.97fps，每帧 525 行 262 线，标准分辨率为 720×480，采用这种制式的主要国家有美国、加拿大和日本等。

（2）PAL 制式

PAL 是 Phase Alternating Line 的缩写。PAL 制又称为帕尔制。它是为了克服 NTSC 制对相位失真的敏感性，在 1962 年，由前联邦德国在综合 NTSC 制的技术成就基础上研制出来的一种改进方案。它采用逐行倒相正交平衡调幅的技术方法，克服了 NTSC 制相位敏感造成色彩失真的缺点。一些西欧国家，新加坡、中国大陆及中国香港地区、澳大利亚、新西兰等国家采用这种制式。PAL 制式中根据不同的参数细节，又可以进一步划分为 G、I、D 等制式，其中 PAL-D 制是我国大陆采用的制式。PAL 制式和 NTSC 制式这两种制式是不能互相兼容的，如果在 PAL 制式的电视上播放 NTSC 的影像，画面将变成黑白，反之亦然。

PAL 制式帧速率为 25fps，每帧 625 行 312 线，标准分辨率为 720×576。

（3）SECAM 制式

SECAM 制式，又称塞康制，SECAM 是法文 Sequentiel Couleur A Memoire 的缩写，意为"按顺序传送彩色与存储"，是一个首先用在法国模拟彩色电视系统，系统化一个 8MHz 宽的调制信号。SECAM 制式的特点是不怕干扰，彩色效果好，但兼容性差。

SECAM 制式帧速率为 25fps，每帧 625 行 312 线，标准分辨率为 720×576，采用这种制式的有法国、前苏联和东欧一些国家。

正如模拟电视有 NTSC、PAL、SECAM 三种制式，数字电视同样有遵循不同标准的系统。目前主要存在三种比较成熟的制式，即美国的 ATSC（先进电视系统委员会）制式、欧洲的 DVB（数字视频广播）制式和日本的 ISDB（综合服务数字广播）制式。对其中的每一种制式，又可分为卫星传输、有限（电缆）传输和地面传输三种不同的方式。

（1）ATSC 制式

美国先进电视系统委员会 ATSC 制定的美国数字电视广播国家标准称为 ATSC 标准，按该标准构筑的数字电视系统称为 ASTC 系统。ATSC 系统能在一个 6MHz 带宽地面电视频道中，可靠地传送约 19Mb/s 数字信息流量，也可在一个 6MHz 带宽有线电视频道中，传输达 38Mb/s 的数字信息流量。这种信息流量意味着系统能传递分辨率约为线性模拟电视 5 倍的编码信息流，视频信源需具备大于 50 倍的压缩能力。

（2）DVB 制式

DVB 是由欧洲电信标准化组织（ETSI）、欧洲电子标准化组织（CENELEC）和欧洲广播联盟(EBU)联合组成的联合专家组(JTC)发起的。DVB 系统传输方式有如下几种：卫星(DVB-S 及 DVB-S2)、有线(DVB-C)、地面无线(DVB-T)、手持地面无线(DVB-H)。DVB 标准选定 MPEG-2 作为音频及视频的编码压缩方式,经压缩后的 MPEG-2 作为音频及视频的编码压缩方式,经压缩后的 MPEG-2 码流再打包形成传输流(TS),将多个传输流复用后,通过卫星、有线电视及开路电视等不同媒介进行传输。DVB 又可以将图像、语音、文字及各种数据信息综合到一起播出,适用于无线广播、有线广播和卫星电视,是当前最为实用的一种数字视频广播。

(3) ISDB 制式

ISDB 是日本的数字广播专家组(DIBEG)制定的数字广播系统标准,它利用一种已经标准化的复用方案在一个普通的传输信道上发送各种不同种类的信号,同时已经复用的信号也可以通过各种不同的传输信道发送出去。其主要特点是：既可以传送数字电视节目,又同时可以传送其他数字综合业务。该标准视频编码、音频编码、系统复用遵循 MPEG-2 标准,系统具有柔软性、扩展性、共通性等特点,可以灵活地集成和发送多节目的电视盒其他数据业务。

在中国,有线电视网络一般采用的是欧洲标准 DVB-C,卫星直播电视采用 DVB-S 作为标准。

数字电视按照显示屏幕幅型可以分为 4∶3 幅型比和 16∶9 幅型比两种类型。根据清晰度,可以分为低清晰度数字电视、标准清晰度数字电视、高清晰度数字电视。VCD 的图像格式属于低清晰度数字电视水平,DVD 的图像格式属于标准清晰度数字电视水平。广播电视逐步向高清发展,并且出现了更高清晰度如 4k 的节目格式。按照扫描线数,数字电视可以分为 HDTV 扫描线数和 SDTV 扫描线数等。

HDTV,又叫高清电视,是由美国电影电视工程师协会确定的高清晰度电视标准格式。一般所说的高清,代指最多的就是高清电视了。电视的清晰度,是以水平扫描线数作为计量的。以下是几种常见的电视扫描格式。

D1 为 480i 格式,和 NTSC 模拟电视清晰度相同,525 条垂直扫描线,480 条可见垂直扫描线,4∶3 或 16∶9,隔行/60Hz,行频为 15.25kHz。

D2 为 480p 格式,和逐行扫描 DVD 规格相同,525 条垂直扫描线,480 条可见垂直扫描线,4∶3 或 16∶9,分辨率为 640×480,逐行/60Hz,行频为 31.5kHz。

D3 为 1080i 格式,是标准数字电视显示模式,1125 条垂直扫描线,1080 条可见垂直扫描线,16∶9,分辨率为 1920×1080,隔行/60Hz,行频为 33.75kHz。

D4 为 720p 格式,是标准数字电视显示模式,750 条垂直扫描线,720 条可见垂直扫描线,16∶9,分辨率为 1280×720,逐行/60Hz,行频为 45kHz。

D5 为 1080p 格式,是标准数字电视显示模式,1125 条垂直扫描线,1080 条可见垂直扫描线,16∶9,分辨率为 1920×1080 逐行扫描,专业格式。

此外还有 576i,是标准的 PAL 电视显示模式,625 条垂直扫描线,576 条可见垂直扫描线,4∶3 或 16∶9,隔行/50Hz,记为 576i 或 625i。

3. 视频格式

目前视频流传输中最为重要的编解码技术有国际电联的 H.261、H.263,运动静止图像专家组的 M-JPEG 和国际标准化组织运动图像专家组的 MPEG 系列标准,此外在互联网上被广泛应用的还有 Real-Networks 的 Real Video、微软公司的 WMV 以及 Apple 公司的 QuickTime 等。用户最为关心的主要有清晰度、存储量（带宽）、稳定性和价格。采用不同的压缩技术，将在很大程度上影响以上几大要素。

（1）MJPEG

MJPEG（Motion JPEG）是为专业级甚至广播级的视频采集与在设备端回放准备的，所以 MJPEG 包为传统模拟电视优化的隔行扫描的算法，如果在 PC 上播放 MJPEG 编码的文件，效果会很难看（如果显卡不支持 MJPEG 的动态补偿）。目前流行的 MJPEG 技术最好的也只能做到 3KB/帧。

（2）MPEG-1

MPEG-1 制定于 1991 年年底，是针对 1.5Mb/s 数据传输率的数字存储媒质运动图像及其伴音编码（MPEG-1Audio）的国际标准，其伴音标准衍生为 MP3 编码方案。MPEG-1 规范 PAL 制和 NTSC 制模式下的流量标准，提供了相当于家用录像系统（VHS）的影音质量，MPEG-1 压缩算法，可以把一部 120min 长的多媒体流压缩到 1.2GB 左右大小。常见的 VCD 就是 MPEG-1 编码创造的杰作。MPEG-1 文件对应的文件扩展名为 MPG、MPEG 或者 DAT。

（3）MPEG-2

MPEG-2 于 1994 年发布，在 MPEG-1 基础上进行了扩充和提升，和 MPEG-1 向下兼容，主要针对存储媒体、数字电视、高清晰等应用领域，分辨率为：低（352×288），中（720×480），次高（1440×1080），高（1920×1080）。但由于压缩性能没有多少提高，使得存储容量还是太大，也不适合网络传输。MPEG-2 还有一个更重要的用处，就是让传统的电视机和电视广播系统往数码的方向发展。

目前最常见的 MPEG-2 相关产品就是 DVD 了，SVCD 也是采用的 MPEG-2 的编码。MPEG-2 文件对应的文件扩展名一般为 VOB、MPG。

（4）MPEG-4

MPEG-4 于 1998 年公布，和 MPEG-2 不同，MPEG-4 追求的不是高品质而是高压缩率以及适用于网络的交互能力。如果以 VCD 画质为标准，MPEG-4 可以把 1min 的多媒体流压缩至 300MB。MPEG-4 标准对传输速率要求较低，利用很窄的带宽。通过帧重建技术，压缩和传输数据，以求以最少的数据获得最佳的图像质量。

MPEG-4 无论从清晰度还是从存储量上都比 MPEG-1 具有更大的优势，也更适合网络传输。但是由于系统设计过于复杂，使得 MPEG-4 难以完全实现并且兼容，很难在视频会议、可视电话等领域实现。

（5）H.264/AVC

H.264 标准继承了 H.263 和 MPEG1/2/4 视频标准协议的优点，在结构上并没有变化，只是在各个主要的功能模块内部使用了一些先进的技术，提高了编码效率。H.264/AVC 的应用确实相当广泛，包括固定或移动的可视电话、移动电话、实时视频会议、视频监控、流媒体、多媒体视频、Internet 视频及多媒体、IPTV、手机电视、宽带电话以及视频信息存储等，被业内普遍看好。

（6）AVI

AVI（Audio Video Interleaved）格式在非线性编辑系统中应用最为广泛，是使用率最高的格式。直译为音频视频交错。由 Microsoft 公司开发的这种音频格式是一种为多媒体和 Windows 应用程序广泛支持的视音频格式。不同的非线性编辑系统产生的 AVI 文件一般不具有兼容性。在计算机中存储的 AVI 视频文件有非压缩格式的 AVI 文件（或是 MPEG-1 格式的）、DIVX 格式的 AVI、XVID 格式的 AVI（这也是 MPEG-4 的一种）、ffdshow MPEG-4 格式的 AVI、WMV9 格式的 AVI（微软自己推出的 MPEG-4 编码标准）、VP6 格式的 AVI 等。其实 AVI 只是一个外壳，现在很多的播放器如 MPC（影音风暴）就可以播放。

（7）Real Video

Real Video 由 Real Networks 公司开发，是视频流技术的始创者。它可以在用 56k MODEM 拨号上网的条件下实现不间断的视频播放，是牺牲画面质量来换取可连续观看性。由于 Real Video 可以拥有非常高的压缩率，一张光盘上可以存放多部电影。

Real Video 存在颜色还原不准确的问题，不太适合专业场合，但出色的压缩率和支持流式播放的特征，使得 Real Video 在娱乐场合占有不错的市场份额。

Real Video 文件名后缀为 RA、RAM、RM、RMVB。

（8）Windows Media

Windows Media 是微软为了和 Real Video 竞争而发展出来的一种可直接在网上观看视频节目的文件压缩格式。采用的是 MPEG-4 视频压缩技术，所以压缩率和图像的质量都很不错。常见的 ASF、WMV、WMA 就是微软的流媒体文件。

（9）MOV 格式

MOV 格式即 Quick Time 影片格式，从 Apple 移植而来，它具有跨平台、存储空间小的技术特点，采用了有损压缩方式，画面效果较 AVI 格式要稍微好一些。

（10）TGA 文件序列

这是 TrueVision 公司开发的位图文件格式。一个 TGA 格式静态图片序列可看成视频文件，每个文件对应影片中的每一帧。这些文件一般由序列 01 开始顺序计数，如 A00001.TGA、A00002.TGA 等。

1.1.3 任务实施

常用视频文件格式之间的转换：

格式工厂（Format Factory）是一种万能多媒体格式转换软件，由上海格式工厂网络有限公司创立于 2008 年 2 月，发展至今已经成为全球领先的视频图片等格式转换客户端。

该软件支持所有类型视频转到 MP4、3GP、AVI、MKV、WMV、MPG、VOB、FLV、SWF、MOV，新版支持 RMVB（RMVB 需要安装 RealPlayer 或相关的译码器）、xv（迅雷独有的文件格式）转换成其他格式，所有类型音频转到 MP3、WMA、FLAC、AAC、MMF、AMR、M4A、M4R、OGG、MP2、WAV，所有类型图片转到 JPG、PNG、ICO、BMP、GIF、TIF、PCX、TGA。

可设置文件输出配置（包括视频的屏幕大小，每秒帧数，比特率，视频编码；音频的采样率，比特率；字幕的字体与大小等）。

【操作思路】

将 AVI 格式的视频转换为 PM4 格式的视频。

【操作步骤】

（1）启动"格式工厂"，打开主界面，如图 1-1 所示。

图 1-1　主界面

（2）选择"视频"选项中的"->MP4"，打开设置界面，如图 1-2 所示。

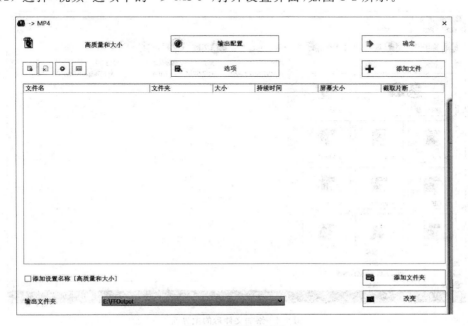

图 1-2　转换设置界面

（3）单击"添加文件"按钮，打开导入文件对话框，选择文件，回到转换设置界面。

（4）可单击"输出配置"、"输出文件夹"等按钮进行自定义，如图1-3所示。

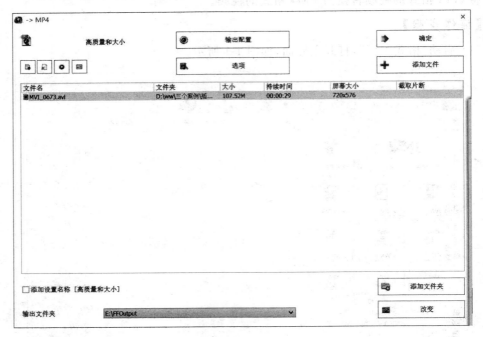

图1-3　转换设置

（5）单击"确定"按钮，返回主界面，如图1-4所示；单击"开始"按钮进行格式转换，如图1-5所示。

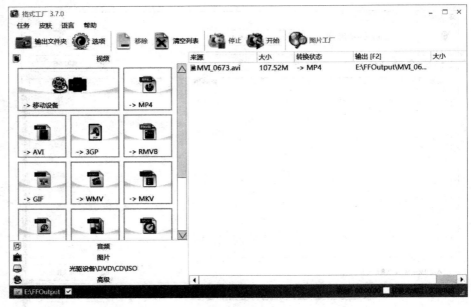

图1-4　添加文件后的主界面

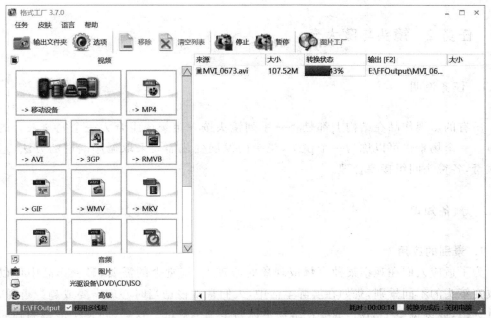

图 1-5　主界面中的转换进程

（6）转换完成后的主界面，如图 1-6 所示。

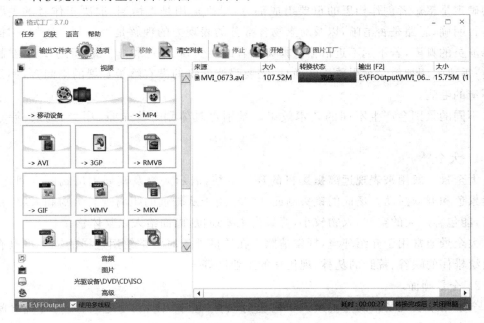

图 1-6　主界面中的转换完成

1.2 任务2 镜头与蒙太奇

1.2.1 任务说明

所有的影视作品在结构上都是将一系列镜头按一定规律组合为一个完整融合的统一体。一个场景也可以称为一个镜头,镜头的发展变化需要采取循序渐进的方法,运用蒙太奇,各镜头间组接要合理。

1.2.2 预备知识

1. 景别的应用

为了适应人们在观察某种事物或现象时心理上、视觉上的需要,影视作品中可以随时改变镜头的不同景别,犹如在实际生活中,人们常常根据当时心理需要或趋身近看,或翘首远望,或浏览整个场面,或凝视事物主体乃至某个局部。这样,映现于银幕的画面形象,就会发生或大或小的变化。

景别是摄影机在距被摄对象的不同距离或用变焦镜头摄成的不同范围的画面。景别的确定是摄影者创作构思的重要组成部分,景别运用是否恰当,取决于作者的主题思想是否明确,思路是否清晰,以及对景物各部分的表现力的理解是否深刻。比如,拍摄芭蕾舞演员的舞姿,若不远不近恰恰去掉舞蹈者的足尖;拍精心检验产品,而手却不在画面之内;需要强调神情又远得看不清面目;需要强调气氛的没有给予舒展的空间等,都是思路不清的毛病。

不同的景别会产生不同的艺术效果。景别可具体划分为全景、中景、近景、特写等4种。

1) 大全景

大全景一般用来表现远离摄影机的环境全貌,展示人物及其周围广阔的空间环境,自然景色和群众活动大场面的镜头画面。它相当于从较远的距离观看景物和人物,视野宽广,能包容广大的空间,人物较小,背景占主要地位,画面给人以整体感。

大全景通常用于介绍环境,抒发情感。在拍摄外景时常常使用这样的镜头可以有效地描绘雄伟的峡谷、荒野的丛林、现代化的工业区等。

2) 全景画面

全景用来表现场景的全貌或人物的全身动作,用于表现人物之间、人与环境之间的关系。在影视作品中全景镜头不可缺少,大多数节目的开端、结尾部分都用全景或远景。远景、全景又称交代镜头。全景画面比远景更能够全面阐释人物与环境之间的密切关系,可以通过特定环境来表现特定人物,这在各类影视片中被广泛地应用。而对比远景画面,全景更能够展示出人物的行为动作、表情相貌,也可以从某种程度上来表现人物的内心活动。在叙事、抒情和阐述人物与环境的关系的功能上,起到了独特的作用。

3）中景画面

画框下边卡在膝盖左右部位或场景局部的画面称为中景画面。中景和全景相比，包容景物的范围有所缩小，环境处于次要地位，重点在于表现人物的上身动作。

中景是叙事功能最强的一种景别。在包含对话、动作和情绪交流的场景中，利用中景景别可以最有利最兼顾地表现人物之间、人物与周围环境之间的关系。中景的特点决定了它可以更好地表现人物的身份、动作以及动作的目的。表现多人时，可以清晰地表现人物之间的相互关系。

处理中景画面要注意避免构图单一死板，人物中景要注意掌握分寸，不能卡在腿关节部位，可根据内容、构图灵活掌握。

4）近景画面

拍到人物胸部以上，或物体的局部称为近景。近景着重表现人物的面部表情，传达人物的内心世界，是刻画人物性格最有力的景别。电视节目中节目主持人与观众进行情绪交流也多用近景。

近景中的环境退于次要地位，画面构图应尽量简练，避免杂乱的背景抢夺视线，因此常用长焦镜头拍摄，利用景深小的特点虚化背景。人物近景画面用人物局部背影或道具作前景可增加画面的深度、层次和线条结构。近景人物一般只有一人作画面主体，其他人物往往作为陪体或前景处理。

在创作中，又经常把介于中景和近景之间的表现人物的画面称为"中近景"，就是画面为表现人物大约腰部以上的部分的镜头，所以有的时候又把它称为"半身镜头"。这种景别不是常规意义上的中景和近景，在一般情况下，处理这样的景别的时候，是以中景作为依据，还要充分考虑对人物神态的表现。正是由于它能够兼顾中景的叙事和近景的表现功能，所以在各类电视节目的制作中，这样的景别越来越多地被采用。

5）特写

画面的下边框在成人肩部以上的头像，或其他被摄对象的局部称为特写镜头。特写镜头提示信息，营造悬念，能细微地表现人物面部表情，刻画人物，表现复杂的人物关系，它具有生活中不常见的特殊的视觉感受，主要用来描绘人物的内心活动，背景处于次要地位，甚至消失。

在故事片、电视剧中，道具的特写往往蕴含着重要的戏剧因素。比如拍老师讲课的中景，讲桌上的一杯水，如拍个特写，就意味着可能不是普通的水。正因为特写镜头具有强烈的视觉感受，因此特写镜头不能滥用。要用得恰到好处，用得精，才能起到画龙点睛的作用。尤其是脸部大特写（只含五官）应该慎用。电视新闻摄像没有刻画人物的任务，一般不用人物的大特写。在电视新闻中有的摄像经常从脸部特写拉出，或者是从一枚奖章、一朵鲜花、一盏灯具拉出，用得精可起强调作用，但使用太多也会导致观众的视觉错乱。

6）大特写

大特写仅在景框中包含人物面部的局部，或突出某一拍摄对象的局部。一个人的头部充满银幕的镜头就被称为特写镜头，如果把摄影机推得更近，让演员的眼睛充满银幕的镜头就称为大特写镜头。大特写的作用和特写镜头是相同的，只不过在艺术效果上更加强烈。在一些惊悚片中比较常见。

景别的选择应当和影片实际相结合,服从每部影片的艺术表现要求。景别作为单个画面来讲,仅表达一种视觉形式,而它们一旦排列起来,又和内容相结合,必然会对戏剧内容和叙事重点的表现与表达起到至关重要的作用。要根据叙事重点与戏剧内容的具体要求,在完成不同景别画面时,在画面构图上使视觉造型得以突出。

2. 常见的运动镜头

影视作品中,有的画面是依据常人日常生活中的观察习惯而进行的旁观式拍摄得到的客观性角度画面,展现的就仿佛是观众在现场参与事件进程、观察人物活动、欣赏风光景物一般。有的画面是模拟画面主体(可以是人、动物、植物和一切运动物体)的视点和视觉印象来进行拍摄的主观性角度画面,由于其拟人化的视点运动方式,往往更容易调动观众的参与感和注意力,容易引起观众的强烈的心理感应。

在一个镜头中通过移动摄像机机位,或者改变镜头光轴,或者变化镜头焦距进行拍摄,通过这种运动拍摄方式所拍到的画面,称为运动画面。例如,由推、拉、摇、移、跟、升降摄像和综合运动摄像形成的推镜头、拉镜头、摇镜头、移镜头、跟镜头、升降镜头和综合运动镜头等。

1)推镜头

推摄是摄像机向被摄主体方向推进,或者变动镜头焦距使画面框架由远而近向被摄主体不断接近的拍摄方法。用这种方式拍摄的运动画面,称为推镜头。推镜头能突出主体人物,突出重点形象;突出细节,突出重要的情节因素;在一个镜头中介绍整体与局部、客观环境与主体人物的关系。推镜头在一个镜头中景别不断发生变化,有连续前进式蒙太奇句子的作用。

2)拉镜头

拉摄是摄像机逐渐远离被摄主体,或变动镜头焦距使画面框架由近至远与主体拉开距离的拍摄方法。用这种方法拍摄的电视画面叫拉镜头。拉镜头有利于表现主体和主体与所处环境的关系。一些拉镜头以不易推测出整体形象的局部为起幅,有利于调动观众对整体形象逐渐出现直至呈现完整形象的想象和猜测。拉镜头是一种纵向空间变化的画面形式,它可以通过纵向空间和纵向方位上的画面形象形成对比、反衬或比喻等效果。拉镜头常被用作结束性和结论性的镜头或是作为转场镜头。

3)摇镜头

摇摄是摄像机机位不动(即以点为轴心),镜头作上下左右转动进行拍摄。其画面效果如同人们在观察事物时身体不动,转动头部环顾四周的视觉效果。摇镜头有利于展示空间,扩大视野;能够介绍、交代同一场景中两个主体的内在联系;便于表现运动主体的动态、动势、运动方向和运动轨迹。摇镜头也是画面转场的有效手法之一。还可以在一个稳定的起幅画面后利用极快的摇速使画面中的形象全部虚化,以形成具有特殊表现力的甩镜头。

4)移镜头

移摄是以线(摄像机机位变化)为轨迹,使得画面框架始终处于运动之中,画面内的物体不论是处于运动状态还是静止状态,都会呈现出位置不断移动的态势。移镜头直接调动了观众生活中运动的视觉感受,表现出更为自然生动的真实感和现场感。移动镜头在表现大场面、大纵深、多景物、多层次的复杂场景时具有气势恢宏的造型效果。

5）跟镜头

跟摄是指摄像机一直追随着运动中的被摄对象来拍摄连续画面的摄像方法。跟镜头跟随被摄对象一起运动,形成一种运动的主体不变、静止的背景变化的造型效果,有利于通过人物引出环境。跟镜头对人物、事件、场面的跟随记录的表现方式,在纪实性节目和新闻的拍摄中有着重要的纪实性意义。

3. 蒙太奇艺术表现手法

在影视创作中,将影片所要表现的内容分解为不同的段落、场面、镜头,分别进行处理和拍摄,再根据创作构思、运用艺术技巧,将这些镜头、场面、段落,合乎逻辑地、富于节奏地重新组合,使之通过形象间相辅相成和相反相成的关系,相互作用,产生连贯、对比、呼应、联想、悬念等效果,构成一部完整影片,这种独特的表现方法称为蒙太奇。

蒙太奇是法语 Montage 的译音,原是建筑学中的一个名词,意为构成、装配,意思是把各种不同的材料根据一个总的设计进行处理、安装,最后构成一个整体。这个名词最早被延伸到电影艺术中,后来逐渐在视觉艺术等衍生领域被广为运用,可解释为有意涵的时空人地拼贴剪辑手法。我国《现代汉语词典》中解释说:“蒙太奇为电影用语,有剪辑和组合的意思。是电影导演重要表现方法之一。为表现影片的主题思想,把许多镜头组织起来,使其构成一部前后连贯,首尾完整的电影。”

蒙太奇在实际运用中,更为广泛,包含的内容复杂得多,大致可分为三个层面。第一,蒙太奇指影视反映现实的思维方式,一种独有的形象思维的方法——蒙太奇思维:以音画结合的动态时空立体,逼真地反映现实。蒙太奇是电影艺术本质的体现。第二,蒙太奇指影视叙事的主要表现方法和结构手段。第三,蒙太奇指电影镜头剪辑的具体技巧和技法。主要用于镜头的分切与组接,如镜头之间的时间、空间、节奏、构图等方面“剪辑点”的选择等。

蒙太奇在影视艺术中具有结构作用,相当于文章中的句法和章法。以镜头作为物质材料,通过剪辑,由若干镜头构成场面,由场面构成段落,再由段落构成全篇。著名的蒙太奇大师、苏联的电影理论家兼导演爱森斯坦曾经对普多夫金试验加以概括,他说:“通过剪辑把两个不相干的问题并列起来,不是等于一个镜头加上另一个镜头,最为重要的是它导致了一种创造性活动,而不是各个部分的简单合并。因为这种并列的结果和分开地看各个组成部分有着质的不同。”若干个镜头,经过合乎逻辑的组接后能表达一个完整的意思,并产生了比单个镜头单独存在时更丰富的意义,这就是蒙太奇构成的作用。蒙太奇还能够引导观众注意力,激发联想。用在镜头上,可以改善或改变电影的叙事表达,用在段落上,可以改变叙事结构和整体意蕴。蒙太奇还能够创造独特的影视时空,依赖平行、交叉、重复、闪前、闪回等形式镜头的组接,电影造成了极端自由、超越的时空,将过去、现在、将来,融于一体,将心理时空和现实时空汇于一瞬,满足了人们对线性单向时间和单调空间超越的渴望。蒙太奇还能够创造运动,创造节奏。镜头的剪辑能产生动态,完全静止的被摄主体,由于镜头的快速转换,能使之变“活”,造成视觉上的动态。如《战舰波将金号》中的三只石狮——伏着的石狮、抬头的石狮、跃起的石狮,它们各自独立存在时都是静止状态的,经过剪辑,一旦并列在连续的时间中,便能让观众感受到睡狮在炮声中惊起的动态。

从蒙太奇体现出的动机、功能和形式看,蒙太奇可以分为两大类 7 小类。第一类叙

事蒙太奇,这是以交代情节、展示事件为主旨的蒙太奇类型。按情节的流程、因果关系、逻辑顺序来分切组接镜头、场面、段落,特点是动作或情节连贯、脉络清楚。包括连续蒙太奇、平行蒙太奇、交叉蒙太奇和复现蒙太奇。第二类表现蒙太奇,也称评述性蒙太奇。这是以加强艺术表现力和情绪感染力为主旨的一种蒙太奇类型。它以镜头对列为基础,在镜头形式和内容上相互冲突、对照,从而产生单镜头不具有或更为丰富的含义,产生强烈的冲击力,启发观众联想、思考,以此达到表达思想寓意的目的。包括心理蒙太奇、隐喻蒙太奇、对比蒙太奇等形式。

1)连续蒙太奇

沿单一情节线,按故事逻辑顺序,有节奏地连续组接镜头,主要依靠故事本身的跌宕、曲折的魅力,大幅度、多线索的时空变换较少。

2)平行蒙太奇

两条或两条以上情节线索(不同时空、同时异地或同时同地)的并列表现,分头叙述组接在一起的片段或结构。特点是几个动作或情节线不一定有因果联系,但服从或统一在一种题旨或意境上。如影片《全球热恋》中,男女主角晨起的镜头。

3)交叉蒙太奇

又称交替蒙太奇。由平行蒙太奇发展而来,不同的是,交叉蒙太奇则对并行的情节线之间的关系有更明确、紧密的要求,严格的同时性,不允许异时性,密切的因果关系,其中一条线的发展往往影响或决定其他并行线的发展,还要求几条并列线频繁地交替出现,互相依存,彼此促进,最后并行的几条线汇合在一个中心动作的结果上。这种蒙太奇容易造成紧张、扣人心弦的效果,加强矛盾冲突的尖锐性,悬念感强,因此在影片中常用来表现追逐或惊险气氛的场面。如影片《追捕》中在广场上追捕杜秋的镜头。

4)复现蒙太奇

具有一定含义的镜头和场面在关键时刻一再出现,造成强调、对比、呼应、渲染等艺术效果。构成电影的各种元素:人物、景物、场面、动作、调度、物件、细节、语言、音乐、音响、光线、色彩、构图等都可以通过精心构思反复出现,产生独特的寓意和效果。

5)心理蒙太奇

通过画面与画面及音画组接,直接展现人物的心理活动、精神状态,诸如闪念、回忆、梦境、幻觉、联想、思索乃至潜意识等,是人物心理造型的表现,影视片中心理描写的重要手段。特点是形象(画面或声音)的片断性,叙述的不连续性,节奏的跳跃性,画面带有强烈的主观色彩,多用对列、交叉、穿插的形式出现,在现代电影中运用广泛。

6)隐喻蒙太奇

通过镜头或片段的对列交替表现进行类比,含蓄而形象地表达创作者的某种寓意和情绪色彩、主观评价等。着重突出不同事物之间某种类似的联系。比如,普多夫金的《母亲》,将工人示威游行和春天冰河解冻的镜头组接在一起,用春水比喻革命运动势不可挡。隐喻蒙太奇的特点是巨大的概括力和简洁的手法结合,具有强烈的理性色彩和情绪感染力。隐喻蒙太奇主观性很强,关键是用以比喻的事物应与情节发展有着一定的联系,而不是硬插,要求自然、新颖、含蓄、形象。

1.2.3 任务实施

优秀影视作品片段鉴赏：

1. 库里肖夫效应

一个静止且毫无表情的人物特写镜头，分别接在放在桌子上的一盆汤、一个小姑娘耍弄玩具和一具躺在棺材里的老妇人尸体的镜头前面。结果观众会看到演员的"表演"，即：看到汤时表现出沉思的表情，看到游戏中的孩子时表现出轻松愉快的微笑，看到老妇人尸体时却沉重悲伤。

2.《党同伐异》(1916)中"最后一分钟营救"片段

3.《罢工》片段

把一群安插在工人里的奸细，同猫头鹰、虎头狗的镜头穿插起来，将那些奸细比作灭绝人性的禽兽的片段；警察镇压工人的镜头与屠宰场里宰牛的镜头交替出现，作为对杀戮无辜的象征性批判的片段。

4.《战舰波将金号》中"屠杀"桥段——"敖得萨阶梯"

一个镜头是沙皇军队的大皮靴沿着阶梯一步一步走下去，另一个镜头是惊慌失措的奔跑的群众；然后是迈着整齐步伐的士兵举枪射击，然后再是人群中一个一个倒下的身影、沿着血迹斑斑的台阶滚下的婴儿车、抱着孩子沿台阶往上走的妇女……

5. 推荐影片《大独裁者》

6. 推荐影片《辛德勒名单》

7. 推荐影片《霸王别姬》

1.3 任务3 数字视频制作流程

1.3.1 任务说明

在 Premiere 软件环境中将各种素材衔接成影片，加入镜头转场效果，添加字幕、背景音乐，输出成数字文件类型的影视作品。

1.3.2 预备知识

1. 视频编辑的过程和方法

要进行非线性编辑，一般制作流程可以简单地看成输入、编辑、输出这样三个环节。以 Premiere 为例，其使用流程主要分成如下 5 个步骤。

(1) 素材采集与输入：采集就是利用 IEEE1394 卡，将模拟视频、音频信号转换成数字信号存储到计算机中，或者将外部的数字视频存储到计算机中，成为可以处理的素材。输入主要是把其他软件处理过的图像、声音等，导入到 Premiere 中。

(2) 素材剪辑：素材编辑就是根据节目的要求对镜头进行选择，然后寻找最佳剪接

点进行合理地组合、排列。

(3) 特技处理:对于视频素材,特技处理包括转场、特效、合成叠加。对于音频素材,特技处理包括转场、特效。令人震撼的画面效果,就是在这一过程中产生的。而非线性编辑软件功能的强弱,往往也是体现在这方面。配合某些硬件,Premiere 还能够实现特技播放。

(4) 字幕制作:字幕是节目中非常重要的部分,包括文字和图形两个方面。Premiere 中制作字幕很方便,并且还有大量的模板可以选择。

(5) 输出与生成:节目编辑完成后,可以生成视频文件,发布到网上、刻录 VCD 和 DVD 等。

2. 数字视频后期制作软件简介

一般来说,影视的后期制作主要包括三个方面:①组接镜头,即剪辑;②特效的制作,比如镜头的特殊转场效果,淡入淡出,以及圈出圈入等,现在还包括动画以及 3D 特殊效果的使用;③声音的处理制作等。这三点是影视后期制作必不可少的组成部分。

目前市场上流行的影视后期制作软件很多,其中剪辑类软件有 Adobe Premiere、EDIUS、Sony Vegas、Final Cut Pro 等;合成类软件有 After Effects(简称 AE)、Combustion、DFusion、Shake、Premiere 等;三维软件有 3ds Max、Maya、Softimage、ZBrush 等;图像处理软件 Photoshop、音频处理软件 GoldWave 等。

其中,Premiere 是 Adobe 公司出品的一款强大的视频处理软件,可以制作各种视频特效,非线性编辑,视频剪辑方面表现不俗。After Effect 是很好的视频特效制作软件,有 Adobe 优秀的软件相互兼容性,可以非常方便地调入 Photoshop、Illustrator 的层文件、Premiere 的项目文件,对控制高级的二维动画游刃有余。还有会声会影是友立公司出品的视频编辑软件,提供多种滤镜效果,可以实现多种视频效果,也是一款非常好的 DV 后期处理软件。

1.3.3 任务实施

1. 认识 Premiere

Premiere 是 Adobe 公司开发的一个功能强大的非线性视频编辑软件,操作容易、开放性好,可以使用任何影视后期制作环境,在影视制作方面有着不可动摇的地位。

1) 新建项目、设置参数

打开 Premiere 启动程序,会弹出一个开始工作区(Initial Workspace)对话框,如图 1-7 所示。

在这个对话框中可以单击 图标进一步设置一个新建项目;可以单击 图标打开已经在硬盘中存储的项目;可以单击 图标打开"帮助"菜单;单击 按钮退出 Premiere 程序。在开始工作区(Initial Workspace)对话框中还有一个最近使用项目(Recent Projects)选项,在这个选项中将会列出最近使用过的项目,以方便使用者选择,初次启动时这里没有内容显示。

如果新建一个项目,单击 图标,打开新建项目(New Project)对话框,如图 1-8 所示。

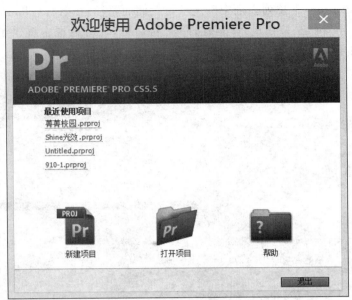

图 1-7 "开始工作区"对话框

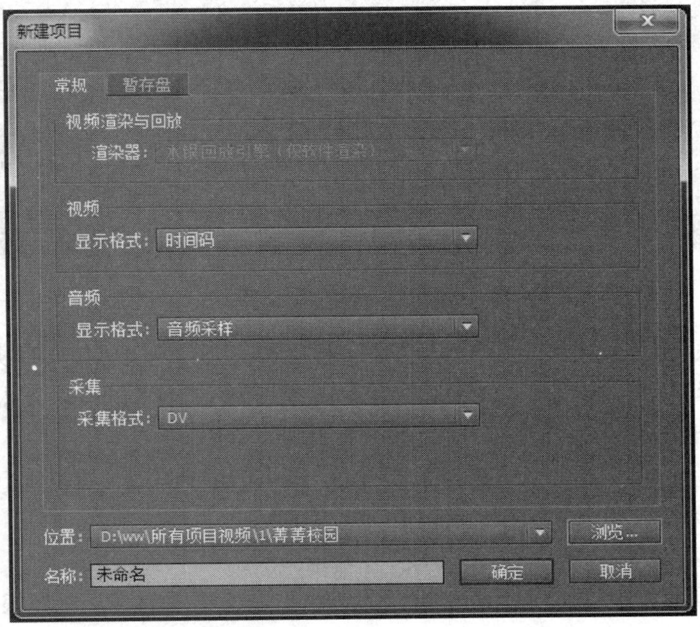

图 1-8 "新建项目"对话框

可在打开"新建项目"对话框中的 General 选项卡里设置新建项目的参数。

视频显示格式（Video Display Format）：默认为时间码（Timecode），该项决定每秒钟将被划分时间的时间数目，Premiere 将根据它来计算每个素材剪辑的精确时间位置。

音频显示格式（Audio Display Format）：默认为音频采样（Audio Samples）。

采集（Capture）：该选项用来设置外部采集设备。

在位置(Location)下拉列表框中确定项目存储的路径,在名称(Name)文本框中输入项目的名称,单击"确定"按钮进入"新建序列"对话框,该对话框中提供了新建序列的多种有效预置、自定义设置、视音频轨道设置等,如图1-9所示。

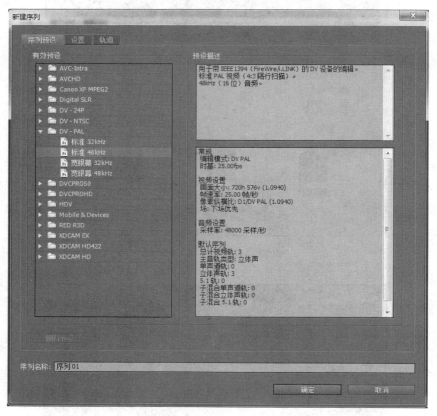

图1-9 "新建序列"对话框

在"序列预设"选项卡中"有效预设"项目里,可以单击DV-PAL文件夹左侧的小三角展开按钮,选择"标准48kHz"(如果制作宽屏电视节目,选择"宽银幕48kHz")。在右边的"预设描述"框里有左边各种有效预设的详细说明。

在New Sequence对话框中选择常规设置(Settings)选项卡,如图1-10所示。

(1) 编辑模式(Editing Mode):设置为DV PAL。

(2) 时间基准(Timebase):设置为25.00帧/秒。

(3) 视频画面大小(Frame Size):默认为720水平、576垂直、4:3(宽银幕则为16:9)。

(4) 像素纵横比(Pixel Aspect Ratio):设置为DI/DV PAL(1.0940)(宽银幕则为"DI/DV PAL宽银幕16:9(1.4587)")。

(5) 场(Fields):在下拉列表中包括无场(向前扫描)(No Fields(Progressive Scan))、上场优先(Upper Fields First)和下场优先(Lower Fields First)三个选项。

提示:

编辑720×576或者704×576这样的分辨率,如果场序错误,则在电视上看,画面颤动不堪,不流畅。不同的视频采集卡捕获的AVI场序不尽相同,如DC30卡采用Upper

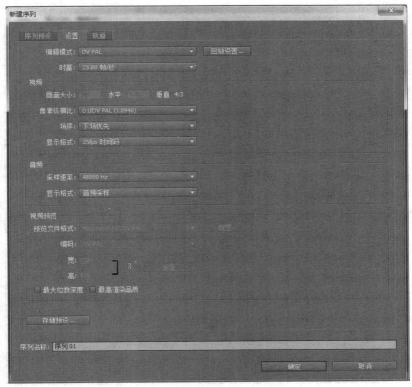

图 1-10 【设置】参数设置

Field First,而用 1394 卡采集的 DV 则是 Lower Field First。而制作 VCD 则一定要用 No Fields。常常有人说输出画面"有锯齿"就是这里设置的问题。

（6）显示格式（Display Format）：设置为"25fps 时间码"。

音频（Audio）参数设置如下。

（1）采样频率（Sample Rate）：设置为"48000Hz"。

（2）显示格式（Display Format）：设置为"音频采样"。

视频预览（Video Previews）设置如下。

预览文件格式（Preview File Format）：设置为 Microsoft AVI DV PAL。

在"新建序列"对话框中选择"轨道"选项卡，默认视频为 3 轨道，音频也是 3 轨道、立体声，如图 1-11 所示。

最后在"序列名称"文本框里填写序列名称。单击"确定"按钮，完成项目设置，进入 Premiere 工作界面。

2）Premiere 界面

Premiere 界面面板众多，各自担负着重要的使命，如图 1-12 所示。

（1）项目（Project）窗口

这是一个素材文件的管理器，进行编辑操作之前，要先将需要的素材导入。素材导入后，将会显示文件的详细信息：名称、属性、大小、持续时间等。选择某个素材文件，在窗口上方会显示该文件的缩略图和信息说明。在窗口中还可以根据需要，通过单击窗口

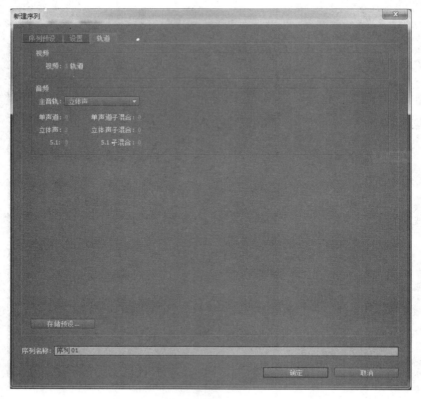

图 1-11　轨道（Tracks）设置

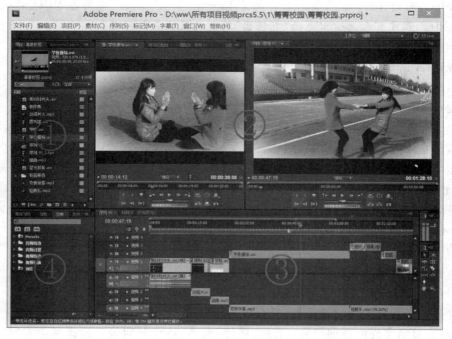

图 1-12　Premiere Pro CS5 界面

底端的列表显示(List View)按钮 ▤ 和图标显示(Icon View)按钮 ▤ ,对素材文件的呈现方式进行切换。

(2)监视器(Monitior)窗口

在默认设置下是由两个子窗口结合在一起的。左边的子窗口是来源(Source)窗口,用于播放、选取原始素材片段;右边的子窗口是节目(Program)窗口,用于对整个节目进行编辑或预览。

(3)时间线(Timeline)窗口

这是一个基于时间标尺的显示窗口,以图标的形式显示每个片段在时间线上的位置和持续时间,以及与其他片段的关系等信息。在这个窗口中,可以组装、编辑各影像片段,其中视频(Video)轨道用于放置和编辑视频、图像素材,声音素材被放置到音频(Audio)轨道上,素材的类型必须与轨道类型相对应。在节目(Program)监视器窗口中可以预览其效果。

(4)效果(Effects)面板

包括预置(Presets)、视频效果(Video Effects)、音频效果(Audio Effects)、视频转场(Video Transitions)、音频转场(Audio Transitions)项,这些选项中以效果类型分组的方式存放视频、音频的特效和转场。

(5)效果控制台(Effects Controls)面板

用于控制对象的运动、透明度,以及特效、转场等参数的设置。在面板的右侧也有一个时间线,可以辅助关键帧的设置,如图1-13所示。

图1-13 效果控制台

3)设置工作系统参数

在使用 Premiere 软件编辑之前,还需要对该软件本身的一些重要参数进行设置,以

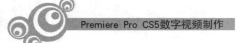

便软件工作时处于最佳状态。

（1）打开参数对话框

在 Premiere Pro CS5 工作界面的菜单栏里，执行编辑（Edit）→参数（Preferences）→常规（General）命令，弹出首选项（Preferences）对话框，如图 1-14 所示。

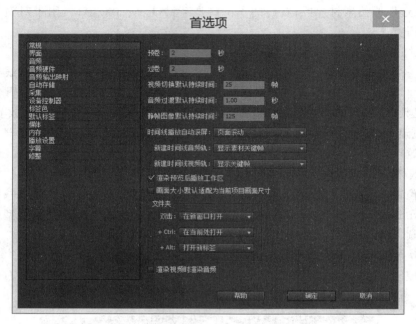

图 1-14　Premiere 设置系统参数

（2）常规（General）设置

① 视频切换默认持续时间（Video Transition Duration）：设置为 25 帧（即 1 秒）。

② 音频切换默认持续时间（Audio Transition Duration）：设置为 1.00 秒。

③ 静帧图像默认持续时间（Still Image Default Duration）：设置为 125 帧（即 5 秒）。

④ 其余的栏里均为默认设置。

（3）自动保存设置

在编辑的过程中，系统会根据用户的设置，自动对已编辑的内容进行保存。自动保存的时间间隔不能过短，以免造成系统占用过多的时间来进行存盘工作。

单击自动存储（Auto Save）选项，在"自动存储间隔"栏里修改为 10 分钟，在"最多项目存储数量"栏里，用户可以根据硬盘空间的大小来确定项目数量，一般为 5，空间大可以适当增加项目数量，如图 1-15 所示。

（4）采集设置

单击采集（Capture）选项，可选中丢帧时中断采集（Abord capture on dropped frames）复选框。这样在采集素材时如果出现大量帧丢失，系统会自动中断当前的采集，并提示用户错误信息。

（5）媒体设置

Premiere Pro CS5 工作所需要的媒体高速缓存文件硬盘空间较大，用户应尽量将其设置在磁盘空间较大的位置。

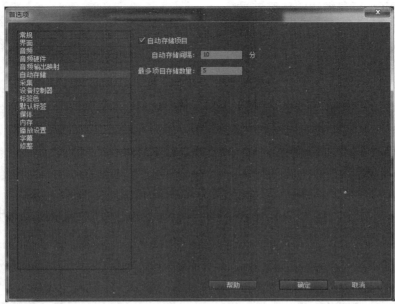

图 1-15　Premiere 自动保存设置

　　单击媒体(Media)选项,在"媒体高速缓存文件"栏里,单击"浏览"按钮,在弹出的"浏览文件夹"对话框中,选择缓存文件所要保存的"位置"(硬盘文件夹)。"媒体高速缓存数据库"栏里也设置"位置"在同样的硬盘文件夹。在"不确定的媒体时基"栏里,选择25.00fps,其余的为默认状态,如图 1-16 所示。

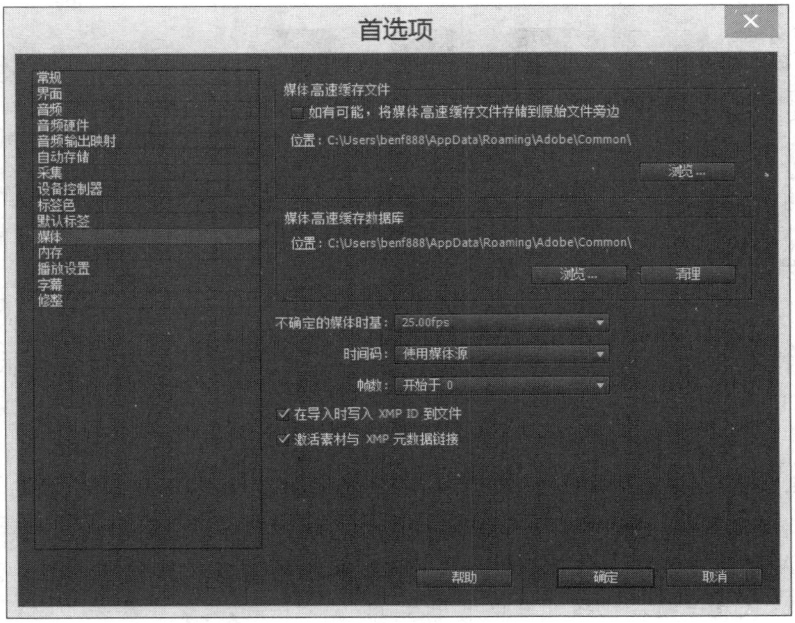

图 1-16　Premiere 媒体设置

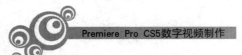

2. Premiere 节目编辑的一般过程

1）新建项目

（1）运行 Premiere Pro CS5，在欢迎使用 Adobe Premiere Pro（Welcome to Adobe Premiere Pro）对话框中，单击图标，打开"新建项目"对话框。

（2）在"新建项目"对话框中，在位置（Location）下拉列表框中确定项目存储的路径，在名称（Name）文本框中输入项目的名称，单击确定（OK）按钮进入"新建项目"对话框；在"新建项目"对话框的序列预设（Available Presets）项目里，单击 DV-PAL 文件夹左侧的小三角辗转按钮，选择标准 48kHz"，单击确定（OK）按钮。

2）导入素材

建立项目后需要导入素材进行工作，操作步骤如下。

（1）在项目（Project）窗口的 Name 的小窗口中，右击，从弹出的快捷菜单中执行导入（Import）命令，或者双击窗口的空白处，直接打开导入（Import）对话框，如图 1-17 所示。

图 1-17　Import 对话框

（2）选择需要的各类素材，单击 打开(Q) 按钮，被选中的素材将被输入到项目（Project）窗口中。

提示：

① 按住 Shift 键，分别单击首、尾素材，可快速选取连续的多个素材；按住 Ctrl 键，分别单击素材，可选取不连续的多个素材。

② TGA 文件的导入：TGA 文件是由若干幅按序列排列的图片组成，记录活动影像。每幅图片代表一帧。在项目窗口中导入 TGA 文件时，先选择要导入的第一帧，然后在对话框下方选中序列图像（Numbered Stills）复选框，单击"打开"按钮即可导入序列文件，如图 1-18 所示。

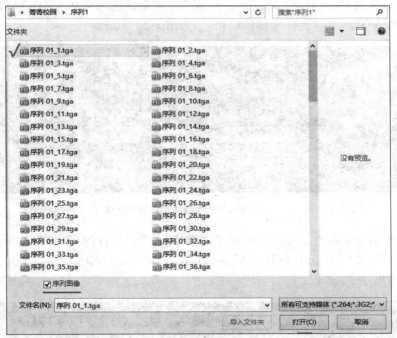

图 1-18　导入 TGA 序列

（3）Photoshop 和 Illustrator 等含有图层的文件的导入：在导入该类型文件时，需要对导入的图层进行设置，如图 1-19 所示。

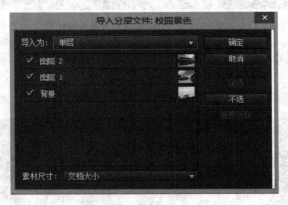

图 1-19　导入 Photoshop 文件

在导入为（Import As）下拉列表框中选择需要导入的图层，如果选择"单层"，系统将会分开图层导入单个文件。

3）在 Timeline 窗口中配置素材

为了在时间线（Timeline）窗口中编辑影片，必须从项目（Project）窗口或监视器的来源窗口中拖动需要使用的每一个素材到时间线（Timeline）的轨道中。

（1）将"倒计时片头.avi"文件拖入视频 1（Video1）轨道上。

（2）预览视频，将编辑线定位在 00：00：13：06 处，将"序列 01_1.tga"序列文件拖入视频1(Video1)轨道上;之后将"动感片头.mp3"音频文件拖入音频2(Audio2)轨道上,与"倒计时片头.avi"的音频文件尾部错层相连,如图1-20所示。

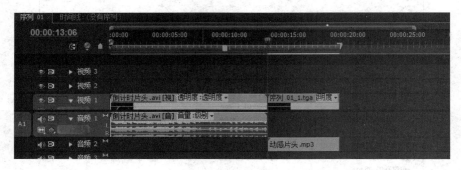

图1-20　加入"序列01_1.tga"序列文件

（3）将编辑线定位在00:00:19:08,将"学校.avi"、"学校操场.avi"、"图书馆.avi"文件依次拖入视频1(Video1)、视频2(Video2)、视频3(Video3)轨道上,三个片段首尾错层相连,如图1-21所示。

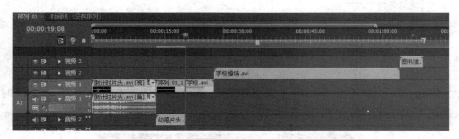

图1-21　在Timeline窗口中配置素材

（4）再将编辑线定位在00:00:19:08,将"插曲.mp3"拖入音频3(Audio3)轨道上。然后将"欢乐伴奏.mp3"拖入音频4(Audio4)轨道上,与"插曲.mp3"相接,如图1-22所示。（默认为三个音频轨道,自动增加一个Audio4音频轨道。）

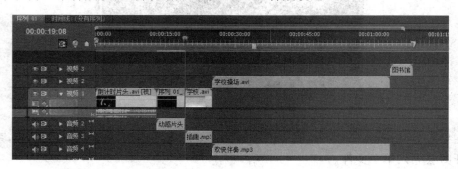

图1-22　加入声音文件

（5）将播放指针指向"图书馆.avi"文件结尾处即00:01:08:10,将文件夹中的"背景\校园景色.psd"、"图层1\校园景色.psd"、"图层2\校园景色.psd"图片文件依次拖入视频3(Video3)、视频2(Video2)、视频1(Video1)轨道上,如图1-23所示。

（6）分别选中三张"背景\校园景色.psd"、"图层1\校园景色.psd"、"图层2\校园景

图 1-23　在 Timeline 窗口中配置素材

色.psd"图片,打开特效控制台(Effect Controls)面板,将三张图片的"缩放比例"属性都等比例缩放为115。

(7)将播放指针指向"图书馆.avi"文件开头处即 00:01:03:14,将"轻音乐.mp3"拖入音频 4(Audio4)轨道上,与"欢乐伴奏.mp3"尾部相接,选择该对象,单击鼠标右键,将它的持续时间设置为 00:00:24:21s;再将播放指针指向"图层 2\校园景色.psd"图片文件开头处即 00:01:23:10 处,拖入"星光背.avi"到视频 1(Video1)轨道上,如图 1-24 所示。

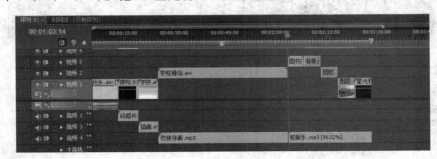

图 1-24　在 Timeline 窗口中配置素材

提示:

素材的类型必须与轨道类型相对应。例如,不能将视频素材放在音频(Audio)轨道中。如果视频文件中含有同期声,当拖放到视频(Video)轨道上时,音频(Audio)轨道会同时出现音频显示信号。这说明该片段的视音频信息是相关联的。如果要单独编辑视频或者音频,只需要在片段上单击右键,选择解除视音频链接(Unlink)命令就可以解除视频和音频之间的关联,成为两个独立的素材片段。

4)制作片尾字幕

(1)在项目(Project)窗口中,右击,从弹出的快捷菜单中执行"新建分项"→"字幕"命令,打开新建字幕(New Title)对话框,在新建字幕(New Title)对话框中,可重新设置字幕的尺寸、时基等参数,在名称(Name)文本框中输入名称如"制作者",单击"确定"按钮,即可进入字幕(Title)窗口,如图 1-25 所示。

图 1-25　"新建字幕"对话框

（2）在字幕（Title）窗口中，单击选取▣（区域文本工具），在制作区拖动鼠标显示文本区域后，即可输入段落文本，如图 1-26 所示。

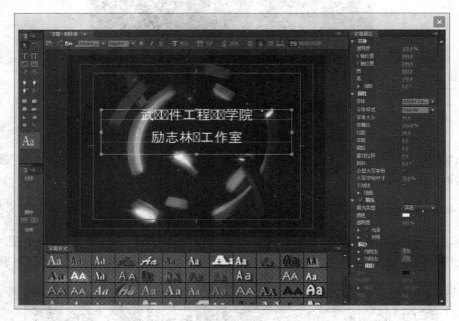

图 1-26　输入段落文本

提示：

① 输入中文时，可能显示乱码，只要在字体（Font Family）下拉列表中选择一款中文字体即可，如图 1-27 所示。

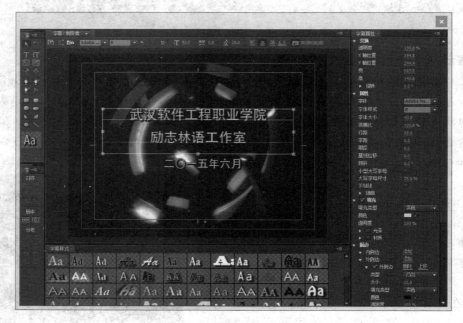

图 1-27　设置对象的属性

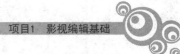

② 在字幕(Title)窗口左侧的工具箱里单击■(选择工具),将输入的文本拖到工作区合适位置。在右侧的属性(Properties)下拉列表中,可以设置文字大小(Font Size);在填充(Fill)下拉列表中,可以设置文字颜色(Color)等属性。

(3)字幕制作完成,关闭字幕工具窗口,所制作的字幕"制作者.prtl"将添加到项目(Project)窗口中。

(4)在时间线(Timeline)窗口中确认播放指针指向 00:01:23:10 处,将项目(Project)窗口中的"制作者.prtl"字幕文件拖动到时间线(Timeline)窗口的视频 2(Video2)轨道上。

(5)选中字幕,将播放指针指向 00:01:23:10 处,打开效果控制面板,展开"透明度"属性,单击"透明度"按钮■,激活关键帧记录器,设置透明度在当前关键帧的参数,制作字幕消失的效果,如图 1-28 所示。

图 1-28　设置透明度在第一个关键帧的参数

(6)将播放指针分别指向视音频结尾处 00:01:27:03 处和 00:01:28:07 处,单击■■■(添加关键帧)按钮,设置当前第二个关键帧、第三个关键帧透明度的参数,制作字幕渐渐出现、淡入的效果,如图 1-29 和图 1-30 所示。

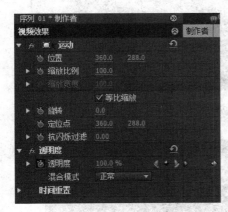

图 1-29　设置透明度在第二个关键帧的参数

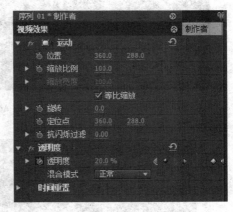

图 1-30　设置透明度在第三个关键帧的参数

5)打造镜头转场效果

要添加转场效果,单击效果(Effects)标签,展开视频切换(Video Transitions)中的"叠化"和"擦除",显示出其类型中的所有转场,如图 1-31 所示。

(1)单击并拖动■附加叠化 到时间线(Timeline)窗口中视频 1(Video1)轨道上的"序列 01_1.tga"序列文件开头处,制作出"倒计时片头.avi",影像淡化为"序列 01_1.tga"序列影像的效果,使得"序列 01_1.tga"序列中的文字显现不太突兀,如图 1-32 所示。

(2)依次单击并拖动■交叉叠化(标准) 到时间线(Timeline)窗口中的"学校.avi"、"学校操场.avi"、"图书馆.avi"到文件开头处,制作出影像渐渐淡入的效果,如图 1-33 所示。

 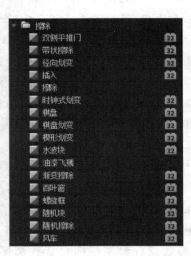

图 1-31　转场效果

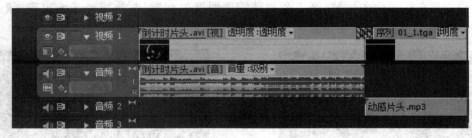

图 1-32　添加 Additive Dissolve 转场效果

图 1-33　添加 Cross Dissolve 转场效果

（3）按照上述同样的步骤方法，依次单击并拖动 ▋白场过渡 、▋风车 、▋螺旋框 到时间线（Timeline）窗口中的"背景\校园景色.psd"、"图层 1\校园景色.psd"、"图层 2\校园景色.psd"图片文件开头处，制作出影像各自转场出现的效果。

6）设置音频淡出效果

音频 4（Audio4）轨道上的"欢快伴奏.mp3"在结尾处可改变分贝值，设置成淡出效果，以寓意作品的结束。方法如下。

（1）将播放指针指向视音频结尾处 00：01：02：10，选择"欢快伴奏.mp3"，打开效果控制面板，展开"音量"的设置。

（2）单击"级别"按钮 ，激活关键帧记录器，设置音量当前关键帧的参数，如图1-34所示。

（3）将播放指针指向视音频结尾处00:01:03:12，单击 （添加关键帧）按钮，设置第二个关键帧当前音量的参数，如图1-35所示。

图1-34 设置音频第一个关键帧的参数

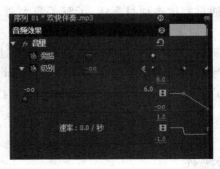

图1-35 设置音频第二个关键帧的参数

7）渲染、预览效果，存储并输出作品

（1）按回车（Enter）键渲染、预览效果。

（2）选择文件（File）→保存（Save）命令，保存制作的文件。

（3）选择文件（File）→导出（Export）→媒体（Media）命令，打开导出设置（Export Settings）对话框，在格式（Format）下拉列表中选择输出格式；在预设（Preset）下拉列表中选择PAL DV高品质（PAL DV High Quality）选项；在输出名称（Output Name）中设置文件保存路径和名称，如图1-36所示。

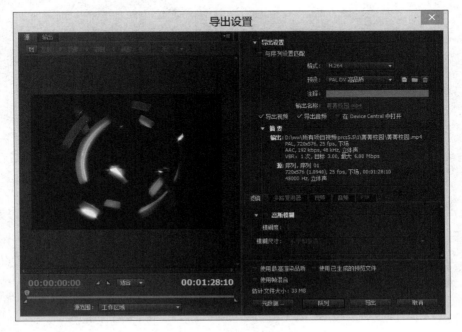

图1-36 导出媒体参数设置

（4）单击导出（Export）按钮即可完成输出。

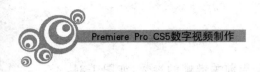

项目总结

通过完成本项目案例,了解了蒙太奇的艺术魅力,掌握了 Premiere Pro CS5 的基本操作,并对影视节目的整体制作过程有了一个初步的了解。Premiere 是一个完整的视频后期制作软件,它可以将摄像机或 DV 拍摄的影片,3ds Max、Maya、Flash、Photoshop 等软件导出的动画以及静态的图片进行剪辑,还能制作常见的特效、编辑配音、制作声音特效,与 After Effects、Combustion 等注重特效制作的软件相互配合,制作出较完美的影视作品。

课后操作

运用 Premiere Pro CS5 制作以一组静态图像为主要素材的小作品,掌握 Premiere Pro CS5 的基本操作、各面板的功能,了解影视作品的整体制作过程。

项目 2　视频剪辑技术的初步应用

项目导读

剪辑是影视创作的后期工作,它是根据节目的要求对镜头进行选择,然后寻找最佳剪接点进行组合、排列的过程。通过剪辑过程,在编辑中融合巧妙的构思,使得镜头的组合效果往往比多场景段落加在一起的效果更好。在这个意义上说,视频剪辑是一项富含创造力的过程。要想创作出好的作品,必须掌握好画面剪辑技巧。

知识与学习目标

技能方面:

(1) 掌握影视作品后期制作时,素材剪辑的常用方法;

(2) 掌握 Premiere 的监视窗口和时间线窗口工具的使用方法;

(3) 掌握使用 Premiere 软件选取素材片段、组接素材的方法;

(4) 领会添加运动效果的操作方法;

(5) 掌握画中画效果的制作方法。

理论方面:理解剪辑技术中,画面剪辑和声音剪辑的多种方法及效果;了解剪辑技术在影视作品创作中的作用和地位。

2.1　任务 1　视频编辑的基本方法

2.1.1　任务说明

Premiere 在时间线序列中提供了多种方式剪裁素材,如视音频素材的分离与组合、素材的复制、移动;利用工具进行快速修剪;调整素材播放速度等。

2.1.2　预备知识

1. 时间线窗口的应用

在完成剪辑工作时,对素材的处理、整合、添加特效等一些重要操作都可在时间线窗口中完成。时间线窗口如图 2-1 所示。

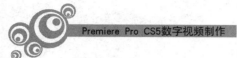

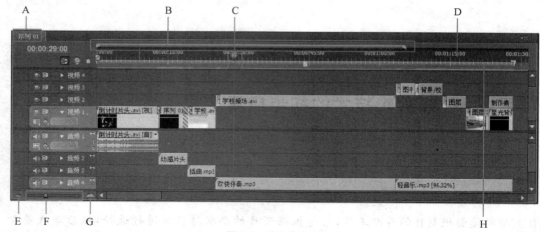

图 2-1　时间线窗口
A.名称　B.视窗范围条　C.当前时间指针　D.时间标尺　E.缩小工具
F.缩放滑块　G.放大工具　H.工作范围条

（1）视音频轨道按钮，如图 2-2 所示。

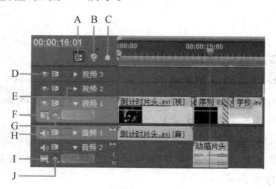

图 2-2　视音频轨道

A. 边缘吸附按钮。按下该按钮，在调整时间轨时，自动吸附到最近的边缘上。一般情况下都应该保证这个按钮是按下状态，这样在剪辑素材的时候有利于提高工作效率，也可以避免出现拼接的地方出现未拼接上的现象。

B. 设置 DVD 标记按钮。单击该按钮弹出"DVD 标记设置"对话框，在当前时间线位置添加 DVD 标记。在制作 DVD 的时候需要用到。但必须有配套的 DVD 制作软件，实际工作中用得不多。

C. 设置标记按钮：在时间线窗口中可以在时间标尺上设置序列标记点。对素材的剪辑点或特殊的地方设置记号，方便后面的剪辑工作。

D. 可视性按钮：控制视频轨的可视性。单击图标变为灰色不可视性按钮，此时该轨道上的素材不可见；单击灰色不可视性按钮图标时，会变为可视性按钮，此时该轨道上的素材可见。

E. 展开轨道按钮：可以隐藏或展开下属视频轨道工作栏和音频轨道工具栏。单击此按钮当三角号向下时 为展开轨道按钮，当三角号向右时 为隐藏轨道按钮。

　　F. 设置显示风格按钮：单击该按钮，可以在弹出的下拉菜单中选择轨道素材的显示方式，如图 2-3 所示。

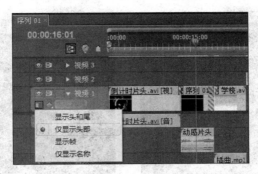

图 2-3　轨道素材显示方式

有下面 4 种显示方式。

　　显示首位帧按钮：在时间线窗口中显示轨道素材的第一帧图像和最后一帧图像。

　　显示第一帧按钮：在时间线窗口中显示轨道素材的第一帧。

　　显示全部帧按钮：在时间线窗口中显示轨道素材每一帧图像。

　　仅显示名称按钮：在素材中只显示素材关键帧。

　　G. 显示关键帧按钮：显示轨道中对素材进行设置的关键帧。

　　H. 开关轨道输出按钮：单击该按钮可以打开或关闭音频。

　　I. 设置显示风格按钮：单击该按钮，可以在弹出的下拉菜单中选择音频轨道素材的显示方式，如图 2-4 所示。

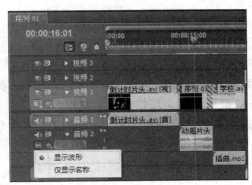

图 2-4　音频轨道显示方式

　　显示声音波形按钮：在音频轨道上显示音频波形。

　　仅显示名称按钮：在音频轨道上只显示音频素材的名称。

　　J. 显示方式转换按钮：单击该按钮，可以在弹出的下拉列表中对声音的关键帧和音量进行设置。

　　（2）时间线窗口常用功能介绍。

　　① 添加轨道。

　　方法一：通过菜单添加轨道。

单击序列(Sequence)选择弹出菜单中的添加轨道(Add Tracks)命令,弹出对话框后进行设置,如图2-5所示。

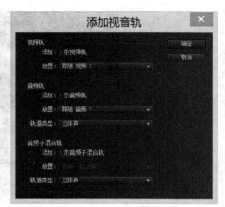

图 2-5　"添加视音轨"对话框

方法二:在时间线左侧的轨道名区域上单击鼠标右键,选择添加轨道(Add Tracks)命令,如图2-6所示。

图 2-6　"添加轨道"菜单

② 删除与重命名轨道。

重命名(Rename):重命名轨道的名字。

删除轨道(Delete Tracks):删除需要删除的轨道。

③ 复制、剪切、粘贴素材。

使用选择工具选中素材片段后,通过 Ctrl+C 键复制选中的素材;然后单击要粘贴素材片段的位置,按 Ctrl+V 键就可以实现快速粘贴素材。

这些操作也可以通过菜单或快捷菜单中的 Copy 和 Paste 命令来实现。

2. 常用工具介绍

Tool 工具栏如图 2-7 所示。

1) 选择工具的使用

选取工具:它是在时间线窗口进行编辑时的默认工具,也是最常用的工具。用于选择和移动对象,调节对象关键帧等基础操作。

2) 选择范围工具的使用

轨道选取工具:用于选择单个轨道上在某特定时间之后的所有素材或部分素材。将鼠标移动到轨道上有素材的位置,鼠标指针变成一个向左的箭头,单击鼠标可选择轨道上该素材片段以后的所有素材片段。若按住 Shift 键可以同时选取其他轨道上的素材。

波纹编辑工具:拖动素材片段的出点可改变素材片段长度,

图 2-7　Tool工具栏

而相邻的素材片段长度不变,节目的总时长改变,如图 2-8 所示。

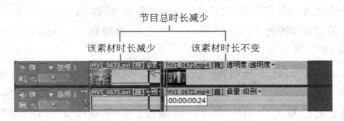

图 2-8　波纹编辑工具使用示意图

3）拉伸工具的使用

拉伸工具可以改变片段持续时间的主速度。只有入点或出点位置被改变过的片段,才能使用拉伸工具对持续时间进行拉伸。因为这种素材片段在素材片段入点之前或在素材片段出点之后有多余的帧,可以进行扩展。

滚动编辑工具:在需要剪辑的素材片段边缘拖动,增加到该片段的帧数会从相邻的片段中减少,保持节目总时长不变。即被选取操作的素材增加多少帧,相邻的素材就减少多少帧,如图 2-9 所示。

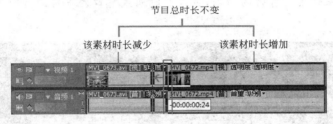

图 2-9　滚动编辑工具使用示意图

速率伸缩工具:用于对素材片段进行相应的速度调整,来改变素材片段长度。拉长整个素材将使速度降低;反之速度将提高。

4）剪辑工具的使用

剃刀工具:用于分割素材片段。

错落工具:改变一段素材的出点和入点,保持其长度不变,并且不影响其相邻的视频片段。

滑行工具:当有三段或三段以上的素材时,可以使用这个工具改变前一段素材的出点和后一段素材的入点,以保证整个作品总长度不变,被选移动的素材片段长度不变,但会影响相邻素材片段的入点和长度,如图 2-10 所示。

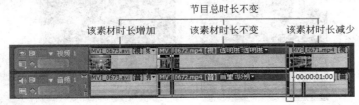

图 2-10　使用滑行编辑工具示意图

钢笔工具：用于框选、移动和添加动画关键帧。在时间线窗口的片段视频轨中，用钢笔工具画一个矩形，则在矩形之内的所有关键帧都被选中；按住 Ctrl 键配合钢笔工具可以添加动画关键帧，按住 Shift 键配合钢笔工具可以加选关键点。

5）其他工具的使用

抓手工具：用于左右平移时间线。这个工具主要在一些较长素材片段的制作中使用。

缩放工具：可以放大和缩小时间显示单位。选取这个工具在素材上单击，可用来放大素材的显示，按住 Alt 键的同时单击它，会缩小素材的显示。

2.1.3 任务实施

1. 素材的拖动

（1）在工具箱中选择选取工具，利用它单击并拖动素材，可以在轨道之间移动素材。

（2）将鼠标放在素材的边缘时，鼠标会变成形状，此时拖动鼠标可调整素材的长度。当素材边缘已经达到整个片段的起点或终点时，将不能再延长。

注意：为了保证素材剪辑的精确，可以对时间线窗口左下角的时间单位进行设置，如图 2-11 所示。

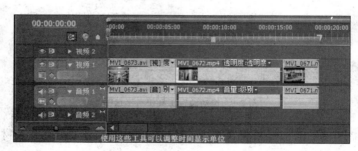

图 2-11　时间显示单位的调整

2. 视频和音频素材的速度调整

1）用命令菜单来调整素材的速度（长度）

在需要调整速度的素材上单击右键弹出菜单，单击素材速度/持续时间（Speed/Duration...）命令，弹出对话框，如图 2-12 所示。

图 2-12　对话框设置

其中 Speed 控制影片的速度,100％为原始速度,低于 100％,速度变慢;高于 100％,速度变快;在 Duration 中输入新时间,会改变影片出点;如果该选项与 Speed 链接,则改变影片速度。选择 Reverse Speed 选项,可以倒播影片;Maintain Audio Pitch 选项锁定音频。

2)使用工具栏中的速率伸缩工具

使用工具栏中的速率伸缩工具,也可以对片段进行相应的速度调整,改变片段长度。选择速率伸缩工具,然后拖动片段边缘,对象速度改变,入点、出点不变。

3. 截断和删除多余的片段

选取工具箱中的 ▶ 剃刀工具,然后将鼠标指针移到片段上,这时鼠标指针变成了一个剃刀形状,在需要截断的位置单击,即可将一个素材一分为二。

右击需要删除的片段,从弹出的快捷菜单中选择清除(Clear)命令,或者直接按 Delete 键,就可以删除相应的片段。

4. 视音频素材的分离与组合

有的素材片段会有录制的同期声,在放入时间线窗口后视频和音频轨道都有内容,视音频信息是连接在一起的。并且在编辑视频的速度或者复制、粘贴视频信息时,与之相关联的音频文件也一起进行变化。如果要单独编辑视频或者音频,只需要在时间线片段上单击右键,选择解除视音频链接(Unlink)命令就可以解除视频和音频信息之间的关联。同样,选择两个没有关联的视频和音频片段,放入时间线相应轨道后对齐,单击右键并选择链接视频和音频(Link)命令就可以实现视频和音频信息之间的关联。

2.2　任务 2　视频编辑的高级方法

2.2.1　任务说明

监视器窗口用于观看素材和完成的影片,还可以通过设置入点和出点的方法来剪裁素材,从而可以快速高效地制作出画面丰富并具有逻辑性的影片。

2.2.2　预备知识

1. 剪辑的基本原则

影视剪辑往往需要经过初剪、复剪、精剪以至综合剪等步骤。初剪一般是根据分镜头剧本,依照镜头的顺序、人物的动作、对话等将镜头连接起来。复剪一般是再进行细致的剪辑和修正,使人物的语言、动作、影片的结构、节奏接近定型。精剪则要在反复推敲的基础上再一次进行准确、细致的修正,精心处理。综合剪则是最后创作阶段,对构成影片的有关因素进行综合性剪辑和总体的调节直到最后形成一部完整的影片。

在剪辑过程中,当选好素材镜头后,接下来就要确定镜头的长度。镜头长度的确定就是选择剪辑点,即设定剪辑的入点和出点,它决定一个镜头从何处开始,到何处结束。

一般来说,根据表达需要和镜头转换依据,剪辑点分为画面剪辑点和声音剪辑点。

画面剪辑点又分为叙事剪辑点、动作剪辑点、情绪剪辑点、节奏剪辑点。

（1）叙事剪辑点：这是节目中最基础的剪接依据，以镜头长度满足叙事要求，或以观众看清画面内容，或以解说词叙事，是电视节目编辑中最基本、最常见的方式。一般情况下，叙事剪辑中就景别而言，全景保持 4s 左右，中近景 2 或 3s 左右，特写 1s 左右即可。就画面信息量而言，信息量大时，画面停留时间要稍长一些，信息量少的则要短一些；就画面构成复杂程度而言，画面构成复杂的，停留时间要稍长一些，反之则稍短一些。

（2）动作剪辑点：着眼于镜头外部动作的连贯，以画面的运动过程（包括人物动作、摄像机运动，景物活动）为依据，结合实际生活规律的发展来连接镜头，使内容和主体动作的衔接、转换自然流畅。

（3）情绪剪辑点：以心理活动为基础，根据不同形式的表情因素，结合镜头造型特性来连接镜头和转换场面，造成一种情绪的感染和感情的生发。这是构成影视片内部结构连贯的重要因素。利用"情绪剪辑点"最能体现人物的喜、怒、哀、乐，注重对人物情绪的夸张、渲染。

对于刻画人物内心心理及反映情绪变化为主的镜头，镜头长度的选择不要按叙述的长度来处理，而应根据情绪长度的需要来选择，要适当地延长镜头长度，保持情绪的延续和完整，给观众留下感知和联想的空间。

（4）节奏剪辑点：主要以事件内容的性质和发展过程的节奏为基础。依据运动、情绪、事物发展过程中的节奏为依据，结合镜头造型特征，用比较的方式来处理镜头的长度和衔接位置，也就是通过镜头连接点的处理来体现快慢动静的对比，重视镜头内部运动与外部动作形态的吻合。

在音像作品中，声音也是一个重要的因素。后期编辑制作时可以声音因素（解说词、对白、音乐、音响）为基础，根据内容的要求和声音与画面的有机关系来处理镜头的衔接。声音剪辑又分为平行剪辑和交错剪辑两种，它们都是针对画面而言的。

（1）平行剪辑：就是画面和声音同时出现，它的特点是平稳、严肃、庄重，能具体地表现人物在规定情境中所要完成的任务。

（2）交错剪辑：就是声音和人物画面不是同时被切换，而是交错切出。即上个镜头的人物切出的声音拖到下一个镜头人物的画面上。例如，综艺晚会中，主持人串联声和下个节目观众的掌声及节目开始的画面处理等，就必须采用交错剪辑法，这样才能使画面活跃起来，使观众感觉流畅、明快、生动而不呆板、拖沓。

声音剪辑要求声音的完整性和连贯性。声音的剪接点多选择在完全无声处，音乐的剪接点多选择在乐句或乐段的转换处。

事实上，在编辑画面时，剪辑者会无时不在考虑声音与画面之间的影响。比如，画面的时间长度与解说词容量的关系、声音表现与画面情绪相匹配等。

在判断上下镜头剪接点位置时，动作、声音、情绪或节奏等因素都可能同时起作用，剪辑者要全面考虑，选择最佳剪接点。

不同类型的节目的剪辑，剪辑点的处理方法不同。综艺晚会类节目，大多数以歌舞为主，其剪辑点需按歌曲内容及音乐旋律、节奏、乐句、乐段来选择，并且在音乐节拍强点上切换镜头比较流畅。电视剧类的节目，多数按剧情的发展及人物情绪的变化来选择剪辑点。访谈性节目，一般按访谈者的谈话内容及现场气氛来切换镜头。纪录片及纪实性专题片的剪辑要力求真实可信,尤其是长镜头拍摄时,剪辑要尽量保证镜头完整,避免剪得过细过碎。竞技体育类节目,由于动感较强,应选择动感强烈的地方作为切换点。

在后期剪辑时,镜头、画面之间的组接要遵循"动接动"、"静接静"的基本原则。

从运动形态的角度看,镜头被分为固定镜头和运动镜头(推、拉、摇、移、跟等),其中无论镜头是否运动,画面主体都可能是运动的或静止的,因此在上下镜头的连接中,动静关系就有多种组合。"动接动"、"静接静"有利于镜头组接保持视觉的流畅及和谐。其中,"静接静"具有两种意思:一是静止物体间的组接,一是静止动作间(包括瞬间静止)的组接。两个固定镜头组接时,如果画面主体都是静止的,其剪辑点的选择要根据画面的内容来决定(静接静)。如果其中一个镜头主体是运动的,另一个镜头主体是不动的,其一种组接方法是寻找主体动作的停顿处来切换;另一种方法是在运动主体被遮挡或处于不醒目的位置时切换(静接静)。如果两个固定镜头主体都是运动的,其剪辑点可选在主体运动的过程中。当两个镜头都是运动镜头,并且运动方向一致时,应去掉上一镜头的落幅及下一镜头的起幅进行组接(动接动)。如果两个运动镜头的运作方向不一致时,就需在镜头运动稳定下来后切换,即保留上一镜头的落幅和下一镜头的起幅进行组接(静接静)。

"动"接"动"的一种特殊用法是所谓"半截子"镜头组接。即不同运动主体或运动镜头在运动过程中进行切换,这样一系列的"半截子"镜头组接起来给人的动感更强,节奏更鲜明,在体育集锦类节目的剪辑中应用较多。需要注意的是,组接镜头时要考虑运动主体或运动镜头的方向性及动感的一致性。

当运动镜头与固定镜头相接时,多以"静接静"的方式处理,利用主体运动的动势以及情绪节奏的作用,使镜头连接保持和谐统一。如利用固定镜头内主体运动的动势寻找恰当的动作剪辑点,把镜头的运动与固定镜头内主体的运动协调起来;利用前后两个画面内主体的呼应关系来表现运动镜头与固定镜头之间的联系;利用画面内运动节奏的改变使动与静自然地转换;利用相对运动的因素实现动静的转换。

总之,在后期剪辑中,无论是剪动作、剪情绪、剪节奏,剪辑点的选择都必须遵循客观规律,符合事物发展的逻辑,符合人们的视觉习惯、思维习惯。在连接镜头时,"动接动"、"静接静"只是基本规律,还应该根据上下镜头的主体运动、镜头运动及情绪节奏发展的具体要求,结合画面的造型因素,寻找最适宜的镜头连接方式和剪辑点位置。对于一个剪辑者来说,一方面应该掌握一定的剪辑原理和视听规律,使之能够有效地指导实践;另一方面应该在大量的剪辑实践中培养自己良好的屏幕艺术感觉。

2. Premiere 监视器窗口的应用

在项目窗口或时间线中双击需要查看的素材,或将一个素材由项目窗口中拖曳到素材监视窗口中,都可在素材监视窗口中预览素材,而且素材的名字也已经添加到素材菜单中。使用素材视窗下方的控制器可播放和剪辑素材。

Premiere Pro CS5 有多个监视窗口,如素材源监视窗口、节目监视窗口、修整监视窗口和参考监视窗口等。虽然有多种类型和用途的窗口,但窗口面板中常见按钮的使用方法是一样的。

(1)常用播放按钮,如图 2-13 所示。

A. 跳转到前一标记按钮:单击此按钮编辑点转到上一个标记处。

B. 逐帧向后播放按钮:单击此按钮可以向后播放一帧。

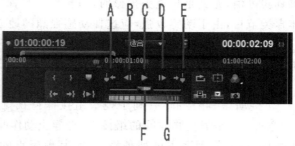

图 2-13   常用播放按钮

使用该按钮可精确观察素材每一帧画面,每单击该按钮一次,窗口中素材播放后退一帧。

C. 播放按钮:单击该按钮,窗口从标记线位置开始播放素材,如果要停止可以单击 ■(停止)按钮。

技巧:本操作也可按 L 键;停止播放可按 K 键或空格键。

D. 逐帧向前播放按钮:每单击该按钮一次,窗口中素材播放前进一帧。

技巧:

① 逐帧播放的快捷键是键盘上的左方向键和右方向键。

② 在剪辑的时候,用播放或者用鼠标拖动时间指针的方法来确定剪辑点往往不是很准确,可以当时间指针播放到了大概合适的位置后,用逐帧播放按钮 ◀◀ ▶ ▶▶ 来确定精确的剪辑点。

E. 跳转到下一标记点:单击此按钮编辑点转到下一个标记处。

F. 快速搜索按钮:在影片播放时,左右拖动中间的滑块可以调节影片的播放速度。向左拖动滑块,影片倒放;向右拖动滑块,影片前放。

提示:

滑块离中心点的距离越大,影片播放的速度越快。松开鼠标按键,滑块会自动返回原处,影片播放停止。

G. 时间慢巡盘:也称为"微调"按钮。将光标指向该按钮,按下鼠标左键,执行拖曳操作,可细微调整标记线位置。编辑人员可利用此按钮精确浏览素材或仔细搜索某一帧画面。

(2) 剪辑点相关按钮,如图 2-14 所示。

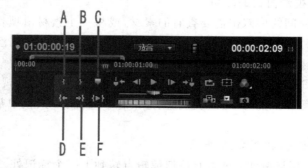

图 2-14   剪辑点相关按钮

　　A. 设置入点按钮：该按钮可以设置剪辑素材的入点。可将当前窗口中素材标识线位置对应的帧设置为剪辑的开始时间。

　　当按住 Alt 键时再单击该按钮，会清除已设定的入点。

　　B. 设置出点按钮：该按钮可以设置剪辑素材的入点。可将当前窗口中素材标识线位置对应的帧设置为剪辑的结束时间。

　　当按住 Alt 键时再单击该按钮，会清除已设定的出点。

　　C. 设置标记按钮：可将当前窗口中素材标识线位置对应的帧设置标记点。剪辑人员在编辑素材时，对关键的帧可以利用此按钮做好标记，编辑素材时，可用"跳转到标记"按钮，快速将当前帧定位到标记处。

　　D. 移动至入点按钮：单击 ← 按钮，窗口中标记线和当前帧定位到入点处。

　　E. 移动至出点按钮：单击 → 按钮，窗口中标记线和当前帧前进到下一个标记处。

　　F. 播放入点到出点按钮：单击此按钮，窗口中的素材从入点开始播放，到出点停止。

　　（3）其他按钮介绍，如图 2-15 所示。

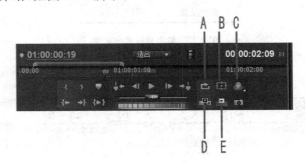

图 2-15　其他按钮

　　A. 循环按钮：循环播放素材。

　　B. 显示安全框按钮：单击该按钮，窗口中会显示字幕和图像安全框，如图 2-16 所示。

　　提示：

　　安全区域的产生是由于电视机在播放视频图像时，屏幕的边会切出部分图像，这种现象叫作"溢出扫描"。不同的电视机溢出的扫描量不同，所以要把图像的重要部分放在安全区域内。在制作影像时，需要将重要的场景元素放在图像安全区域内；将标题、字幕放在字幕安全区域内。

A. 字幕安全框　　B. 图像安全框

图 2-16　安全框

　　C. 输出按钮：可以利用单击该按钮后弹出的菜单选择显示方式。弹出的快捷菜单如图 2-17 所示。

　　D. 插入工具：此按钮可将素材监视窗口选定的素材插入到时间线窗口中的轨道上，如图 2-18 所示。

　　E. 覆盖工具：此按钮可将素材监视窗口选定的素材覆盖到时间线窗口中的轨道上，如图 2-19 所示。

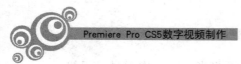

图 2-17　输出按钮弹出菜单

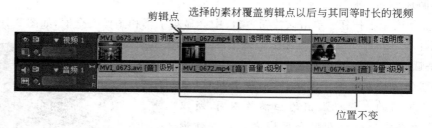

图 2-18　插入工具的使用

图 2-19　覆盖工具的使用

（4）素材监视窗口和节目监视窗口按钮对比。

素材视窗编辑控制器跟节目视窗编辑控制器中有一部分按钮不一样，如图 2-20 所示。

A-1. 移动到标记点按钮，如图 2-21 所示。

A-2. 到上一个编辑点按钮，如图 2-22 所示。

B-1. 插入工具和覆盖工具。

B-2. 提取工具和挤压工具。

44

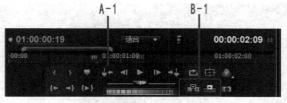

素材源监视窗口各按钮

节目监视窗口各按钮

图 2-20 素材源监视窗口和节目监视窗口按钮对比

图 2-21 标记点

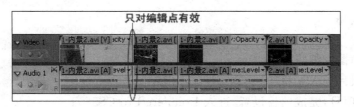

图 2-22 编辑点

使用提取工具对影片进行删除,只会删除目标轨道中选定范围的素材,而不会对其前后的素材位置产生影响,如图 2-23 和图 2-24 所示。

图 2-23 提取工具的使用

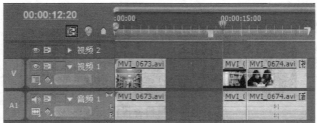

图 2-24 提取工具的使用（最终效果示意图）

使用挤压工具对影片进行删除修改,不但会删除目标轨道中指定范围的素材,还将其后的素材前移,填补空缺,如图 2-25 所示。

图 2-25 挤压工具的使用（最终效果示意图）

2.2.3 任务实施

1. 插入和覆盖编辑技巧

1）设置项目导入素材

（1）新建项目,完成项目设置,进入 Premiere Pro CS5.5。

（2）双击项目（Project）窗口,打开导入（Import）对话框,导入所需素材,如图 2-26所示。

2）插入编辑方法

（1）将编辑线定位在 00:00:00:00 处,从项目窗口中选择 MVI_0673.avi 视频文件,将其拖入视频 1 轨道上,再将编辑线定位在 00:00:29:18 处,从项目窗口中选择 MVI_0674.avi 视频文件,将其拖到视频 1 轨道上,预览效果,如图 2-27 所示。

（2）双击 MVI_0672.mp4 视频文件,将其在源素材窗口中打开,截选出要插入的素材片段,将源素材窗口中的时间轴移至 00:00:02:17 处,单击源素材窗口中 （入点）按钮,将此时间帧设置为入点;再将时间轴移至 00:00:12:05 处,单击源素材窗口中 （出点）按钮,将此时间帧设置为出点。

（3）在时间线窗口中将编辑线定位在 00:00:05:00 处,单击源素材窗口中的 （插入）按钮,如图 2-28 所示。这样就可以将源素材窗口中截选出的视频片段插入到时

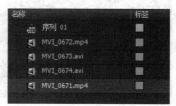

图 2-26 导入素材

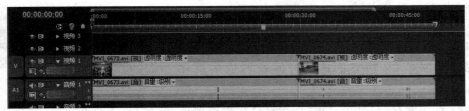

图 2-27 视频 1 轨道窗口

间线面板中,把轨道上原有的素材分成两半,整个轨道上素材视频的长度会变长。

图 2-28 MVI_0672.mp4 源素材窗口

3)覆盖编辑方法

(1)同理,双击 MVI_0671.mp4 视频文件,让其在源素材窗口中打开,将时间轴移至 00:00:04:00 处,单击源素材窗口中"入点"按钮,将此时间帧设置为入点;再将时间轴移至 00:00:07:00 处,单击源素材窗口中"出点"按钮,将此时间帧设置为出点。

(2)在时间线窗口中将编辑线定位在 00:00:14:14 处,单击源素材窗口中的 ■（覆盖）按钮,会弹出"适配素材"对话框,选择"改变素材速度以适合它（自动填满）",单击"确定"按钮,这样就可以将源素材窗口中节选出的视频片段插入到时间线面板中,把轨道上原有的素材覆盖掉,替换了原有素材的一部分,并且整个轨道上的素材视频的长度不变。

4)渲染、预览效果,存储作品

(1)按回车（Enter）键渲染、预览效果;

(2)选择文件（File）→保存（Save）命令,保存制作的文件。

2. 提升和提取编辑技巧

使用"提升"和"提取"按钮可以在时间线面板中指定轨道上删除一段指定的节目。

1)设置项目导入素材

(1)新建项目,完成项目设置,进入 Premiere Pro CS5.5。

(2)双击项目（Project）窗口,打开导入（Import）对话框,导入所需素材,如图 2-29 所示。

2）提升编辑方法

（1）将时间线面板中的编辑线定位在 00：00：00：00 处，在项目窗口中同时选中 MVI_0673.avi 和 MVI_0674. avi 视频素材节目，将它们拖到时间线面板中视频 1 轨道上。

图 2-29　导入素材

（2）选中素材，打开节目窗口，为素材需要截取的部分设置入点和出点，将编辑线定位在 00：00：04：00 处，单击节目窗口中入点按钮，将此时间帧设置为入点；再将时间轴移至 00：00：07：00 处，单击节目窗口中出点按钮，将此时间帧设置为出点。设置的入点和出点同时显示在时间线面板的标志上，此段视频区域颜色会变深。

（3）单击节目窗口下方的提升（提升）按钮，入点和出点之间的节目素材将被删除，看上去如同抽走一样，留下空白区域，如图 2-30 所示。

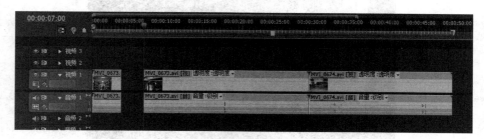

图 2-30　提升编辑效果

3）提取编辑方法

（1）同理，选中素材，打开节目窗口，为素材需要提取的部分设置入点和出点。将编辑线定位在 00：00：35：00 处，单击节目窗口中入点（入点）按钮，将此时间帧设置为入点；再将时间轴移至 00：00：36：15 处，单击节目窗口中出点（出点）按钮，将此时间帧设置为出点。设置的入点和出点同时显示在时间线面板的标志上，此段视频区域颜色变深。

（2）单击节目窗口下方的提取（提取）按钮，入点和出点之间的节目素材将被删除掉，其后面的素材自动前移填补空白区域，整个视频的长度变短，如图 2-31 所示。

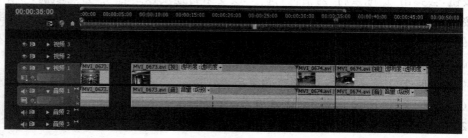

图 2-31　提取编辑效果

4）渲染、预览效果，存储作品

（1）按回车（Enter）键渲染、预览效果；

（2）选择文件（File）→保存（Save）命令，保存制作的文件。

3. 三点编辑应用

1）设置项目导入素材

（1）新建项目，完成项目设置，进入 Premiere Pro CS5.5。

（2）双击项目（Project）窗口，打开导入（Import）对话框，导入所需素材，如图 2-32 所示。

2）使用三点编辑制作视频效果

三点编辑有以下两种方式。

（1）在源素材窗口中设置入点与出点，在节目窗口中设置入点。

（2）在源素材窗口中设置入点，在节目窗口中设置入点与出点。

图 2-32 导入素材

方法一，具体案例操作步骤如下。

（1）将编辑线定位在 00:00:00:00 处，从项目窗口中选择 MVI_0673.avi 视频文件，将其拖入视频 1 轨道上，再将编辑线定位在 00:00:29:18 处，从项目窗口中选择 MVI_0674.avi 视频文件，将其拖入视频 1 轨道上，预览效果，如图 2-33 所示。

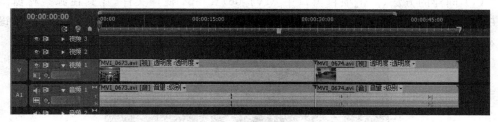

图 2-33 视频 1 轨道窗口

（2）在项目窗口中双击 MVI_0672.mp4 视频文件，跳转到源素材窗口，让其在源素材窗口中打开，将时间轴移至 00:00:02:17 处，单击源素材窗口中 ▸（入点）按钮；将此时间帧设置为入点，再将时间轴移至 00:00:12:05 处，单击源素材窗口中 ▸（出点）按钮，将此时间帧设置为出点，如图 2-34 所示。

图 2-34 MVI_0672.mp4 源素材窗口

（3）选中时间线窗口中的视频 1 轨道上的素材,在时间线窗口的 00:00:05:00 处,单击节目预览窗口中的 ▓（入点）按钮,将此时间帧设置为入点;在节目窗口中设置入点之后,单击源素材窗口中▓（插入）按钮,所截选的素材视频就会插入到时间线面板中,如图 2-35 所示。

图 2-35　节目窗口入点设置

方法二,具体案例操作步骤如下。

（1）同样的方法,双击项目窗口中 MVI_0671.mp4 视频文件,让其在源素材窗口中打开,将时间轴移至 00:00:04:00 处,单击源素材窗口中 ▓（入点）按钮;将此时间帧设置为入点,如图 2-36 所示。

图 2-36　MVI_0671.mp4 源素材窗口

（2）选中视频 1 轨道上的素材,将时间轴移至 00:00:14:14 处,单击节目窗口中▓（入点）按钮;将此时间帧设置为入点,再将时间轴移至 00:00:18:24 处,单击节目窗口中▓（出点）按钮,将此时间帧设置为出点,如图 2-37 所示。然后单击源素材窗口中 ▓（覆盖）按钮,会弹出“适配素材”对话框,选择“更改素材速度（充分匹配）”,单击“确定”按钮。将 MVI_0671.mp4 截取的素材加到时间线上,覆盖了原有的部分素材,但原素材的持续时间不变。

3）渲染、预览效果,存储作品

（1）按回车（Enter）键渲染、预览效果;

（2）选择文件（File）→保存（Save）命令,保存制作的文件。

图 2-37 节目预览窗口

2.3 任务 3 视频编辑中的动画制作

2.3.1 任务说明

制作影视剪辑时,可以在不同的时间点对对象进行移动、调整大小和旋转等属性变化的操作,利用人眼的视觉暂留性,使人在视觉上产生运动效果。由运动画面组成的序列就是动画,它们随着时间的延续而发生改变。这些画面一般称为帧,主要的画面被称为关键帧。

在 Premiere 中对目标的位置、缩放、旋转以及特效等属性添加关键帧,通过调整参数,来改变对象在影片中的空间位置和状态等,从而形成动画效果。

2.3.2 预备知识

1. "特效控制台"面板的"运动"属性

在 Adobe Premiere Pro 中,运动(Motion)属于视频素材调整属性的基本类型。通常用运动(Motion)调整时间线面板中素材的位置和中心点,旋转、缩放素材,也可在监视器窗口中直接操作,如图 2-38 所示。

(1)设置素材位置:在节目视窗中拖动素材边框到新位置,或通过调整特效控制台/视频效果/运动/位置的水平或垂直坐标值来实现。

(2)缩放素材:在节目视窗中拖动手柄;如按住 Shift 键的同时拖动手柄,将按素材原始比例缩放;也可以调整特效控制台/视频效果/运动/缩放比例的缩放高度或宽度的参数值。当等比缩放被勾选时,缩放按比例进行。

(3)旋转素材:在节目视窗中,将鼠标指针移动到线框边缘并呈 ↺ 状态时,按住鼠标并上下或左右拖动,或直接拖动鼠标自由旋转素材。如要以 45°的角度旋转素材,可按下 Shift 键的同时拖动鼠标,或调整特效控制台/运动(Motion)中旋转(Rotation)的参数值。

图 2-38　效果控制面板中的运动属性

　　除了上面的设置外,在运动设置中,还可以对对象的轴心点进行修改。默认状态下轴心点在对象的中心。随着轴心点的位置不同,对象的运动状态也会发生变化。例如,一个旋转的椭圆,当轴心点在对象中心时,为其应用旋转,椭圆沿轴心点做自转,如图 2-39和图 2-40 所示。

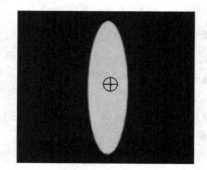

图 2-39　轴心点在对象中心

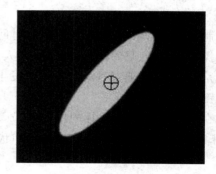

图 2-40　沿轴心点做自转

　　当轴心点在对象外时,椭圆绕着轴心点做公转,如图 2-41 和图 2-42 所示。

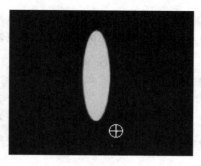

图 2-41　轴心点在对象外

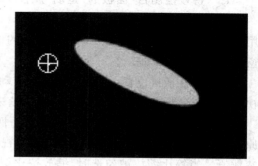

图 2-42　沿轴心点做公转

　　在特效控制台(Effect Controls)面板中,可调整运动(Motion)中定位点(Anchor Point)的 X 和 Y 参数,即可改变对象轴心点位置。

2. 关键帧的应用

在 Premiere 中可以通过关键帧,调整对象的位置、缩放、旋转等参数,制作动画效果。单击各参数属性旁边的关键帧开关 ，将其激活为 ，关键帧记录器被打开,右侧的时间线上也出现一个当前位置关键帧,系统会自动记录该属性在当前帧的属性。

通过设置关键帧,即在不同的时间点对对象属性进行变化,而时间点间的变化则由计算机来完成。在一般情况下,为对象指定的关键帧越多,所产生的运动变化越复杂。但是更多的关键帧也将使计算机的计算时间加长。

建立关键帧动画的操作步骤如下所示。

(1) 选中时间线(Timeline)上的对象;

(2) 在特效控制台(Effect Controls)面板里展开运动(Motion)参数;

(3) 确定编辑线的时间定位,单击关键帧开关 ，记录关键帧位置,同时设置相关参数;

(4) 将编辑线移动到新位置;

(5) 调整相应参数,系统自动记录关键帧位置。还可以单击关键帧导航器 中的 Add/Delete Keyframe 按钮 添加关键帧。

提示:

(1) 打开关键帧开关 后,图标变为 ，表明关键帧记录器处于工作状态。如果再次单击 图标,则关闭关键帧记录器,系统将删除该效果上的一切关键帧。

(2) 选择某个关键帧,按 Delete 键或单击 Add/Delete Keyframe 按钮 ，可以将其删除。

(3) 设置关键帧后,会出现关键帧导航器 ，方便快速查找到已设置的关键帧。

2.3.3 任务实施

画中画效果的制作。

【操作思路】

利用关键帧,设置素材在不同的时间点上的属性如尺寸大小、位置、旋转角度等不同的参数,给静帧素材添加移动、缩放的动态效果,使人在视觉上产生运动感,打破单调感。该任务将实现图像依次进入画面中心,再同时旋转、移动到画面 4 个角,形成画中画效果。

【步骤详解】

1. 设置项目导入素材

(1) 新建项目,完成项目设置,进入 Premiere Pro CS5.5。

(2) 双击项目(Project)窗口,打开导入(Import)对话框,导入图片素材,如图 2-43 所示。

图 2-43 导入素材

2. 制作第一张图片的运动和旋转效果

将1.jpg拖入视频1(Video1)轨道上,单击鼠标右键,单击"缩放为当前画面大小"按钮,使图片大小与屏幕大小保持一致;选中1.jpg对象,打开特效控制台(Effect Controls)面板,展开运动(Motion)设置。

(1)将编辑线定位在00:00:00:00处,单击位置(Position)属性旁边的关键帧开关 ，将其激活为 ，关键帧记录器被打开,右侧的时间线上会出现一个当前位置关键帧,调整在当前帧的位置(Position)参数,同时将图片等比缩放为50%,如图2-44所示。

(2)将编辑线定位在00:00:00:20处,单击关键帧导航器 中 按钮,添加位置(Position)属性的关键帧,并调整相应的参数值,制作对象进入屏幕运动的效果,如图2-45所示。

图2-44 第一个关键帧处的设置

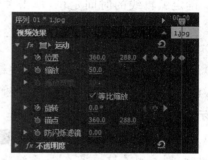

图2-45 第二个关键帧处的设置

(3)将编辑线定位在00:00:03:05处,单击关键帧导航器 中 按钮,分别添加位置(Position)和旋转(Rotation)属性的关键帧,不调整各参数值,使对象属性保持不变,如图2-46所示。

(4)将编辑线定位在00:00:04:00处,单击关键帧导航器 中 按钮,分别添加位置(Position)和旋转(Rotation)属性的关键帧,调整参数值,制作对象的旋转,同时向屏幕左上方移动的效果,如图2-47所示。

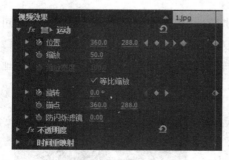

图2-46 第三个关键帧处的设置

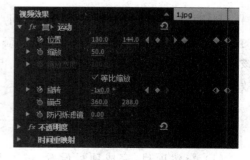

图2-47 第四个关键帧处的设置

3. 制作第二张图片的运动和旋转效果

(1)将编辑线定位在00:00:00:20处,拖入2.jpg到视频2(Video2)轨道上,单击鼠标右键,单击"缩放为当前画面大小"按钮,使图片大小与屏幕大小保持一致;拖曳2.jpg

的结尾与1.jpg对齐。

（2）选中2.jpg对象，打开特效控制台（Effect Controls）面板，展开运动（Motion）设置。

（3）将编辑线定位在00：00：00：20处，激活位置（Position）属性的关键帧，将图片等比缩放为50%，如图2-48所示。

（4）将编辑线定位在00：00：01：15处，单击关键帧导航器中按钮，添加位置（Position）属性的关键帧，并调整相应的参数值，制作对象进入屏幕运动的效果，如图2-49所示。

图2-48　第一个关键帧处的设置　　　　图2-49　第二个关键帧处的设置

（5）将编辑线定位在00：00：03：05处，单击关键帧导航器中按钮，分别添加位置（Position）和旋转（Rotation）属性的关键帧，不调整各参数值，使对象属性保持不变，如图2-50所示。

（6）将编辑线定位在00：00：04：00处，单击关键帧导航器中按钮，分别添加位置（Position）和旋转（Rotation）属性的关键帧，调整参数值，制作对象的旋转，同时向屏幕右上方移动的效果，如图2-51所示。

图2-50　第三个关键帧处的设置　　　　图2-51　第四个关键帧处的设置

4. 制作第三张图片的运动和旋转效果

（1）将编辑线定位在00：00：01：15处，拖入3.jpg到视频3（Video3）轨道上，单击鼠标右键，单击"缩放为当前画面大小"按钮，使图片与屏幕大小保持一致；拖曳3.jpg的结尾与2.jpg对齐。

（2）选中3.jpg对象，打开特效控制台（Effect Controls）面板，展开运动（Motion）设置。

（3）在 00：00：01：15 处，激活位置（Position）属性的关键帧，将图片等比缩放为50％，如图 2-52 所示。

（4）将编辑线定位在 00：00：02：10 处，单击关键帧导航器 ◄ ► 中 ◆ 按钮，添加位置（Position）属性的关键帧，并调整相应的参数值，制作对象进入屏幕运动的效果，如图 2-53所示。

图 2-52　第一个关键帧处的设置

图 2-53　第二个关键帧处的设置

（5）将编辑线定位在 00：00：03：05 处，单击关键帧导航器 ◄ ► 中 ◆ 按钮，分别添加位置（Position）和旋转（Rotation）属性的关键帧，不调整各参数值，使对象属性保持不变，如图 2-54 所示。

（6）将编辑线定位在 00：00：04：00 处，单击关键帧导航器 ◄ ► 中 ◆ 按钮，分别添加位置（Position）和旋转（Rotation）属性的关键帧，调整参数值，制作对象的旋转，同时向屏幕左下方移动的效果，如图 2-55 所示。

图 2-54　第三个关键帧处的设置

图 2-55　第四个关键帧处的设置

5. 制作第四张图片的运动和旋转效果

（1）将编辑线定位在 00：00：02：10 处，拖入 4.jpg 到 视频 4（Video4）轨道上，单击鼠标右键，单击"缩放为当前画面大小"按钮，使图片与屏幕大小保持一致；拖曳 4.jpg 的结尾与 3.jpg 对齐。

（2）选中 4.jpg 对象，打开特效控制台（Effect Controls）面板，展开运动（Motion）设置。

（3）在 00：00：02：10 处，激活位置（Position）属性的关键帧，将图片等比缩放为50％，如图 2-56 所示。

（4）将编辑线定位在 00：00：03：05 处，单击关键帧导航器 ◄ ► 中 ◆ 按钮，添加位置

（Position）属性的关键帧，并调整相应的参数值，制作对象进入屏幕运动的效果，如图 2-57 所示。

图 2-56 第一个关键帧处的设置　　　　　　图 2-57 第二个关键帧处的设置

（5）将编辑线定位在 00∶00∶04∶00 处，单击关键帧导航器  中 按钮，分别添加位置（Position）和旋转（Rotation）属性的关键帧，调整参数值，制作对象的旋转，同时向屏幕右下方移动的效果，如图 2-58 所示。

图 2-58 第三个关键帧处的设置

6. 渲染、预览效果，存储作品

（1）按回车（Enter）键渲染、预览效果；

（2）选择文件（File）→保存（Save）命令，保存制作的文件。

项目总结

通过完成本项目案例，掌握了 Premiere 中剪辑的一些方法，可使用监视器窗口和时间线窗口编辑素材。监视器窗口用于观看素材和完成的影片，设置素材的入点和出点等。时间线窗口主要用于建立序列、安排素材、分离素材、插入素材、合成素材以及混合音频素材等。

还可以在特效控制台面板的"运动"属性设置中，对静态素材的位置、缩放、旋转以及特效等属性添加关键帧，通过调整参数，来改变对象在影片中的空间位置和状态等，从而形成动画效果。

对于一个剪辑者来说,一方面应该掌握一定的剪辑原理和视听规律,使之能够有效地指导实践;另一方面应该在大量的剪辑实践中培养自己良好的屏幕艺术感觉。

课后操作

根据配音解说资料制作一段介绍武汉建筑民众乐园的成立、建筑特点、古今发展的影像片断,将音频素材和视频素材在 Premiere 软件环境中通过剪辑,使声音与画面协调、巧妙有机地配合以产生立体、完整的感官效果。

项目3 视频转场制作

项目导读

　　整部影视作品是由一个个镜头组接而成的。从一个镜头衔接到另一个镜头,有硬切和软切两种切换方式。硬切是来自于电影剪辑的术语,在Premiere中将素材在视频轨道上头尾相接就可以实现。但有些时候影片需要在相邻片段间以某种过渡方式进行切换转场。使用软切转场,可以避免镜头间的跳动,同时也可以极大地增加艺术感染力。为此,Premiere提供了风格各异的转场特效,每一种转场经过特殊的参数设定,又能够产生不同的效果。

知识与学习目标

技能方面:

(1) 了解视频转场(Video Transitions)及意义;

(2) 熟悉Premiere Pro CS5中各种视频切换效果及运用范围;

(3) 掌握常用的转场并能根据需要灵活运用。

3.1 任务1 应用视频转场

3.1.1 任务说明

　　本工作任务是在静态图像之间添加转场特效,从而丰富视觉效果。Premiere提供的转场特效有很多种,在工作过程中可以根据画面内容、表现意图,添加转场,并相应调整参数设置,以制作出风格各异的电子相册。

3.1.2 预备知识

1. 视频转场的作用

　　构成电视片的最小单位是镜头,一个个镜头连接在一起形成的镜头序列叫作段落。每个段落都具有某个单一的、相对完整的意思,如表现一个动作过程,表现一种相关关系,表现一种含义等。一个个段落连接在一起,就形成了完整的电视片。因此,段落是电视片最基本的结构形式,电视片在内容上的结构层次是通过段落表现出来的。而段落与

段落、场景与场景之间的过渡或转换,就叫作转场。

转场的方法分为技巧转场(软切)和无技巧转场(硬切)。

技巧转场的方法一般用于段落之间的转换,它强调的是心理的隔断性,目的是使观众有较明确的段落感觉。由于非线性编辑系统的发展,特技转换的手法有数百种之多,但归纳起来不外乎以下几种形式。

1) 淡出与淡入

淡出是指上一段落最后一个镜头的画面逐渐隐去直至黑场,淡入是指下一段落第一个镜头的画面逐渐显现直至正常的亮度,淡出与淡入画面的长度,一般各为2s,但实际编辑时,应根据电视片的情节、情绪、节奏的要求来决定。有些影片中淡出与淡入之间还有一段黑场,给人一种间歇感,适用于自然段落的转换。

2) 扫换

扫换也称划像,可分为划出与划入。前一画面从某一方向退出荧屏称为划出,下一个画面从某一方向进入荧屏称为划入。划出与划入的形式多种多样,根据画面进、出荧屏的方向不同,可分为横划、竖划、对角线划等。划像一般用于两个内容意义差别较大的段落转换时。

3) 叠化

叠化指前一个镜头的画面与后一个镜头的画面相叠加,前一个镜头的画面逐渐隐去,后一个镜头的画面逐渐显现的过程。在电视编辑中,叠化主要有以下几种功能:一是用于时间的转换,表示时间的消逝;二是用于空间的转换,表示空间已发生变化;三是用叠化表现梦境、想象、回忆等插叙、回叙场合;四是表现景物变幻莫测、琳琅满目、目不暇接。

4) 翻页

翻页是指第一个画面像翻书一样翻过去,第二个画面随之显露出来。现在由于三维特技效果的发展,翻页已不再是某一单纯的模式。

5) 停帧

前一段落结尾画面的最后一帧做停帧处理,使人产生视觉的停顿,接着出现下一个画面,这比较适合于不同主题段落间的转换。

6) 运用空镜头

运用空镜头转场的方式在影视作品中经常看到,特别是早一些的电影中,当某一位英雄人物壮烈牺牲之后,经常接转苍松翠柏、高山大海等空镜头,主要是为了让观众在情绪发展到高潮之后能够回味作品的情节和意境。空镜头画面转场可以增加作品的艺术感染力。

除以上常见的转场方法,技巧转场还有正负像互换、焦点虚实变化等其他一些方式。

无技巧转场是用镜头的自然过渡来连接上下两段内容的,主要适用于蒙太奇镜头段落之间的转换和镜头之间的转换。并不是任何两个镜头之间都可应用无技巧转场方法,运用无技巧转场方法需要注意寻找合理的转换因素和适当的造型因素。无技巧转场的方法主要有以下几种。

1) 相同主体转换

相同主体的转换包含几个层面的意思:一是上下两个相接镜头中的主体相同,通过主体的运动、主体的出画入画,或者是摄像机跟随主体移动,从一个场景进入另一个场景,以完成空间的转换;二是上下两个镜头之间的主体是同一类物体,但并不是同一个,假如上一个镜头主体是一只书包,下一个镜头的主体是一只公文包,这两个镜头相接,可以实现时间或者是空间的转换,也可以同时实现时空的转换;三是利用上下镜头中主体在外形上的相似完成转场的任务。

2) 遮挡镜头转场

遮挡镜头转场是指在上一个镜头接近结束时,被摄主体挪近以致挡黑摄像机的镜头,下一个画面主体又从摄像机镜头前走开,以实现场合的转换。上下两个相接镜头的主体可以相同,也可以不同。用这种方法转场,能给观众视觉上较强的冲击,还可以造成视觉上的悬念,同时也使画面的节奏紧凑。如果上下两个画面的主体是同一个,还能使主体本身得到强调和突出。

3) 主观镜头转场

上一个镜头拍摄主体在观看的画面,下一个镜头接转主体观看的对象,这就是主观镜头转场。主观镜头转场是按照前、后两镜头之间的逻辑关系来处理转场的手法,主观镜头转场既显得自然,同时也可以引起观众的探究心理。

4) 特写转场

特写转场指不论上一个镜头拍摄的是什么,下一个镜头都由特写开始。由于特写能集中人的注意力,因此即使上下两个镜头的内容不相称,场面突然转换,观众也不至于感觉到太大的视觉跳动。

5) 承接式转场

承接式转场也是按逻辑关系进行的转场,它是利用影视节目两段之间在情节上的承接关系,甚至利用悬念、两镜头在内容上的某些一致性来达到顺利转场的目的。

6) 动势转场

动势转场是指利用人物、交通工具等的动势的可衔接性及动作的相似性完成时空转换的一种方法。

除了上述 6 种较为常用的无技巧转场方式之外,无技巧转场方式还有隐喻式转场、运动镜头 转场、声音转场、两极镜头转场等其他几种形式。

2. 添加视频转场

在 Premiere Pro CS5 中,转场效果也称转场、切换、过渡,主要用于在影片中从前一个场景(以下简称 A)转换到后一个场景(以下简称 B)的过渡。

要运用转场效果,可以展开效果(Effects)面板中的视频切换(Video Transitions)选项,如图 3-1 所示。

Premiere 提供了多达七十多种典型的转场效果,并根据类型的不同,将各种切换分别放在切换面板的不同文件夹中,用户可以选择任意一个扩展标志,则会显示出一组转场效果。每一种转场特效都有其独到的特殊效果,但其使用方法基本相同。

给视频添加转场的方法如下所示。

(1)首先要把两个或两个以上的视频或图片拖动到时间线的同一轨道中,并使素材首尾相衔接;或者将素材分别放在时间线的相邻视频轨道上,并使素材有重叠的部分。

(2)打开特效(Effects)面板,选择视频转场(Video Transitions),展开各项转场效果,选择需要的转场。

图 3-1　视频转场 (Video Transitions) 面板

(3) 单击鼠标左键将选择好的转场拖曳到时间线中两段素材衔接处或重叠处, 鼠标变成手形, Premiere 会自动确定转场长度以匹配转场部分。

提示:

一般情况下, 转场在两个相邻素材间进行。当然, 也可以单独为一个素材添加转场, 这时候, 素材与其下方空轨道(默认为黑色)进行转换切换, 如图 3-2 所示。

图 3-2　为视频添加转场效果

当转场添加到两个素材的重叠部分时, 转场过程中的效果如图 3-3 所示。

单独为一个素材添加转场并且下方无重叠素材时, 转场过程中的效果如图 3-4 所示。

图 3-3　为视频素材的重叠部分添加的转场效果　　　　图 3-4　为无重叠部分的视频素材添加的转场效果

3. 调整转场设置

为影片添加转场后, 将呈现转场的默认设置效果。如果不满意, 可以对转场效果重新进行设置。

1）调整转场区域

在时间线的轨道上可以设置转场的长度和位置。在两个相邻素材间加入转场后，会有一个重叠区域，这个重叠区域就是发生转场的范围，如图3-5所示。

在如图3-5所示的转场区域中单击并拖动转场区域，可直接调整转场区域的位置。在拖动时鼠标旁会显示移动的帧数。向左移动时为负值，向右移动则为正值。

在如图3-6所示的转场区域中，如果单击并拖动转场区域的左边缘，则将调整转场区域的位置。向左移动时为负值，向右移动则为正值。

图3-5 转场的范围　　　　　　　　　　　　　　　　图3-6 转场的范围

如果需要调整转场的持续时间，可先选中转场区域，用鼠标拖曳转场区域的右边缘。向左拖曳为负值，向右拖曳则为正值。

2）转场设置

在时间线上双击添加的转场，可以在特效控制（Effect Controls）面板中打开转场属性设置对话框。在左边的切换设置栏中，可以对切换做进一步的设置，如图3-7所示。

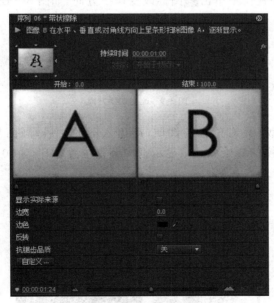

图3-7 转场属性设置对话框

默认情况下，切换都是从A到B完成的。要改变切换的开始和结束状态，可拖动开始（Start）和结束（End）滑块。按住Shift键并拖动滑条可以使开始和结束滑条以相同数值变化。

选择显示实际来源（Show Actual Sources）选项，可以在切换设置对话框上方开始（Start）和结束（End）窗口中显示切换的开始和结束帧，如图3-8所示。

选择反转（Reverse）选项，可以改变切换顺序，由A至B的切换会变为由B至A。

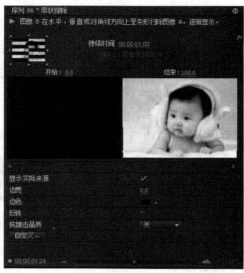

图 3-8　设置转场属性

在对话框上方单击▶按钮，可以在小视窗中预览切换效果。对于某些有方向性的切换来说，可以在上方小视窗中单击◢图标改变切换方向，如图 3-9 所示。

图 3-9　改变切换方向

对于某些切换来说，具有位置的性质，即出入屏的时候，画面从屏幕的哪个位置开始。这时候可以在切换的开始和结束显示框中调整位置，如图 3-10 所示。

图 3-10　调整切换位置

项目3 视频转场制作

对话框上方的 Duration 栏中可以输入切换的持续时间,这和拖动切换边缘改变切换长度是相同的。

相对于不同的切换,可能还有不同的参数设置,这些参数将根据切换具体讲解。

3.1.3 任务实施

1. 四季的过渡

【操作思路】

转场特效中的"叠化"→"交叉叠化(标准)"效果的运用。

【步骤详解】

1) 设置项目导入素材

(1) 新建项目,完成项目设置,进入 Premiere Pro CS5.5。

图 3-11 导入素材

(2) 双击项目(Project)窗口,打开导入(Import)对话框,导入图片素材,如图 3-11 所示。

2) 制作图片间的过渡转场效果

(1) 将图片按照顺序依次拖入视频 1(Video1)轨道上,如图 3-12 所示。

(2) 选中 1.jpg 对象,将持续时间设置为 00:00:03:00s;单击鼠标右键,单击"缩放为当前画面大小"按钮,使图片的大小与屏幕大小保持一致。

图 3-12 视频 1 轨道窗口

(3) 按照步骤(2)同样的方法,将剩下的三张图片,依次设置持续的时间为 3s,单击"缩放为当前画面大小"按钮,使图片的大小与屏幕大小保持一致。

(4) 单击轨道中需要加转场效果的图片,打开"效果"面板,单击"视频切换"选项卡下"叠化"组中的"交叉叠化(标准)"效果按钮,如图 3-13 所示。

(5) 将"交叉叠化(标准)"效果拖入到轨道 1 中需要加转场效果的两张图片之间,如图 3-14 所示。

图 3-13 交叉叠化效果设置

3) 渲染、预览效果,存储作品

(1) 按回车(Enter)键渲染、预览效果;

图 3-14 交叉叠化效果位置

(2) 选择文件(File)→保存(Save)命令,保存制作的文件。

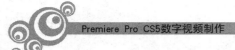

2. 画册翻动效果的制作

【操作思路】

转场特效中的"卷页"→"翻页"效果的运用。

【步骤详解】

1）设置项目导入素材

（1）新建项目，完成项目设置，进入 Premiere Pro CS5.5。

（2）双击项目（Project）窗口，打开导入（Import）对话框，导入图片素材，如图 3-15 所示。

图 3-15　导入素材

2）制作图片间的翻页效果

（1）将图片按照顺序依次拖入视频 1（Video1）轨道上，如图 3-16 所示。

图 3-16　视频 1 轨道窗口

（2）选择轨道中每张图片的对象，将它们的持续时间都设置为 00：00：03：00s，分别单击鼠标右键，单击"缩放为当前画面大小"按钮，将图片大小与屏幕大小保持一致；打开"效果"面板，单击"视频切换"选项卡下"卷页"组中的"翻页"效果按钮；选择轨道中需要加效果的图片，将"翻页"效果拖入到轨道上的两张图片之间，如图 3-17 所示。

图 3-17　翻页效果的拖放位置

3）制作字幕效果

（1）单击"字幕"选项卡下"新建字幕"组中的"默认静态字幕"按钮，弹出"新建字幕"对话框，设置字幕的基本属性，单击"确定"按钮，如图 3-18 所示。

（2）使用 T 文字工具输入"风景画册" 4 个字，设置字体的基本属性；使用 ▶ 移动工具将字体选中，调整到合适的位置，同时勾选"字幕属性"中的"阴影"属性，为字体添加阴影的效果。基本参数设置如图 3-19 所示。

（3）字幕设置完成之后，将"字幕 01"拖入视频 2（Video2）轨道上（字幕持续的时间比 1.jpg 持续的时间短），当 1.jpg 将要开始转场到 2.jpg 时，字幕消失，如图 3-20 所示。

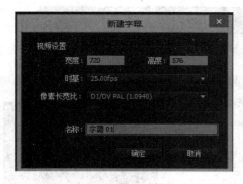

图 3-18 新建字幕   图 3-19 标题字幕的设置

图 3-20 字幕拖放的位置

4)渲染、预览效果,存储作品

(1)按回车(Enter)键渲染、预览效果;

(2)选择文件(File)→保存(Save)命令,保存制作的文件。

3. 自定义切换效果的制作

【操作思路】

运用"擦除"→"渐变擦除"效果设置自定义切换,调入准备好的灰度图作为切换参照图片,可以产生软件中没有的切换效果。对于相同的参照图片,不同的参数设置也会带来不一样的切换效果。

【步骤详解】

1)设置项目导入素材

(1)新建项目,完成项目设置,进入 Premiere Pro CS5.5。

(2)双击项目(Project)窗口,打开导入(Import)对话框,导入图片素材,如图 3-21 所示。

2)制作图片间的渐变擦除效果

(1)将图片按照字母的顺序依次拖入视频 1(Video1)轨道上,如图 3-22 所示。

(2)选中轨道中需要加效果的图片,打开"效果"面板,单击"视频过渡"选项卡下"擦除"组中的"渐变擦除"效果按钮,将"渐变擦除"效果拖入到视频轨道 1 上的两张图片之间,如图 3-23 所示。

图 3-21 导入素材

图 3-22 视频 1 轨道窗口

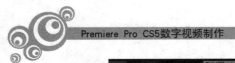

图 3-23 渐变擦除效果拖放的位置

（3）单击轨道中"渐变擦除"效果，展开效果控制面板，将持续时间改为 00：00：02：
00，将滚轴往下翻，选择"自定义"，弹出"渐变擦除设置"对
话框，单击"选择图片"按钮，选择"灰度图 A. bmp"所需要
的图片，单击"确定"按钮，如图 3-24 所示。

（4）按照同样的方法，单击轨道中第二个"渐变擦除"
效果，展开效果控制面板，将持续时间改为 00：00：02：00，
将滚轴往下翻，选择"自定义"，弹出"渐变擦除设置"对话
框，单击"选择图片"按钮，选择"灰度图 B. bmp"所需要的
图片，单击"确定"按钮。

（5）同理，单击轨道中第三个"渐变擦除"效果，展开效
果控制面板，将持续时间改为 00：00：02：00，将滚轴往下
翻，选择"自定义"，弹出"渐变擦除设置"对话框，单击"选
择图片"按钮，选择"灰度图 C. bmp"所需要的图片，单击"确定"按钮。

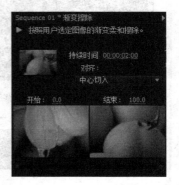

图 3-24 渐变擦除效果设置

3）渲染、预览效果，存储作品

（1）按回车（Enter）键渲染、预览效果；

（2）选择文件（File）→保存（Save）命令，保存制作的文件。

3.2 任务 2 丰富的视频转场特效

3.2.1 任务说明

利用视频转场特效及关键帧动画的结合，制作丰富的视觉效果。

3.2.2 任务实施

卷轴画：

【操作思路】

运用"卷页"→"滚离"效果在单个图片素材上制作画面逐一展开的效果，并需要设置
切换时长来控制画面展开的速度。

【步骤详解】

1. 设置项目导入素材

（1）新建项目，完成项目设置，进入 Premiere Pro CS5.5。

（2）双击项目（Project）窗口，打开导入（Import）对话
框，导入图片素材，如图 3-25 所示。

图 3-25 导入素材

2. 制作卷轴切换

（1）将"卷轴画.png"拖入视频 2（Video2）轨道上；选中该对象，展开特效控制台（Effect Controls）面板，将"缩放比例"等比例缩放为110，如图 3-26 所示。

（2）选中该对象，打开效果（Effect）面板，单击Video Transition 上"视频切换"选项卡下卷页（Page Peel）组中的卷走（Roll Away）效果按钮，将"卷走"效果拖至时间线上"卷轴画.png"的入点位置，制作卷轴画卷走效果，如图 3-27 所示。

（3）在时间线中选中卷走（Roll Away）切换，在特效控制台（Effect Controls）面板中，将其持续时间（Duration）改为 4s，如图 3-28 所示。

图 3-26　缩放比例设置

图 3-27　添加卷走（Roll Away）切换

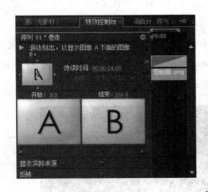

图 3-28　设置切换长度

3. 制作白色蒙版

（1）在项目窗口中单击 （新建分项）按钮，在弹出的菜单中选择彩色蒙版（Color Matter）命令，打开颜色拾取（Color Picker）对话框，将光标移到白色区域，选择♯FFFFFF，单击"确定"按钮；将其改为"白色蒙版"名称，最后再单击"确定"按钮，如图 3-29 所示。

（2）将编辑线定位在 00：00：00：00 处，拖入"白色蒙版"到视频 1（Video1）轨道上，拖曳"白色蒙版"的结尾与"卷轴画.png"对齐，如图 3-30 所示。

图 3-29　建立蒙版

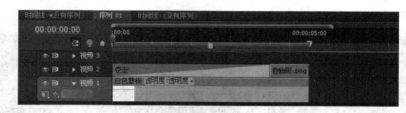

图 3-30　添加白色蒙版到轨道中

4. 制作卷轴运动的效果

（1）将编辑线定位在 00：00：00：00 处，拖入"卷轴.png"到视频 3（Video3）轨道上，选中该对象，展开特效控制台（Effect Controls）面板，将"缩放比例"等比例缩放为 110；展开运动（Motion）设置。

（2）将编辑线移至第 0 秒处，单击打开位置（Position）属性前的关键帧，将位置设置为－347，288；将时间线移至第 4 秒处，添加位置（Position）属性的关键帧，设置为 360，288；调整相应参数值，制作出卷轴运动的效果，如图 3-31 和图 3-32 所示。

图 3-31　第一个关键帧处的设置　　　　图 3-32　第二个关键帧处的设置

5. 渲染、预览效果，存储作品

（1）按回车（Enter）键渲染、预览效果；

（2）选择文件（File）→保存（Save）命令，保存制作的文件。

项目总结

Premiere Pro CS5 提供了多种视频转场效果和样式,切换效果可以用在两段素材的切换处,也可以用在单独一段素材的开始或结束位置。同一种切换也会因为不同的设置,或者结合关键帧动画,还可以多个切换同时出现在一个画面上,都会出现更绚丽、更丰富的效果。

课后操作

制作一个电子相册,要求为不同轨道的多层静态图像素材(7 个以上)使用转场特效,制作多层素材在同一时间和同一屏幕画面中同时出现多种切换效果,使视觉效果更加绚丽多彩。

项目 4　视频特效制作

项目导读

在影视作品中使用视频特效,可以使视频表现更加出色,制作出更多让观众惊奇的效果。Premiere 提供了强大的功能用以创建各式各样的艺术效果,用户可以为任何轨道的视频素材添加一个或多个视频特效。

制作视频特效的方法多种多样,从效果上看各有特点。

知识与学习目标

技能方面:

(1) 认识各种视频特效;

(2) 了解每种特效的使用方法并掌握其使用技巧;

(3) 熟悉常用视频特效的应用范围、参数设置并能根据需要灵活运用。

理论方面:了解抠像的应用。

4.1　任务 1　调整视频色彩

4.1.1　任务说明

在影视编辑过程中,使用的素材可能由于受技术或拍摄条件影响,经常会有偏色、对比度欠佳等现象。Premiere 提供了强大的校色、调色功能,可以使用亮度和对比度(Brightness&Contrast)、色阶(Levels)特效、色调保护(ProcAmp)特效、颜色平衡(Color Balance)、通道合成器(Channel Mixer)等命令进行调整。它们不仅能对视频做固定参数的静态调整,也能通过设置关键帧使色彩产生动态变化。

4.1.2　预备知识

Premiere 能使用各种视频及声音滤镜,其中,视频滤镜指的是一些由 Adobe Premiere 封装的程序,专门处理视频中的像素,按照特定的要求实现各种效果,比如改变视频剪辑中的色彩平衡,或能产生动态的扭变、模糊、风吹、幻影等特效,这些变化增强了影片的吸引力。使用音频滤镜可从对话中除去杂音,也可以给在录音棚中录制的对话添

加配音或者回声。

滤镜效果是 Premiere 中使用技巧最为灵活的工具之一，所有滤镜效果都保存在音频特效（Audio Effects）或视频特效（Video Effects）面板中，并按照效果的不同类别将其分别放置在不同的文件夹中，如图 4-1 所示。

可以单击菜单栏窗口（Windows）→效果（Effect）命令，或者直接单击效果（Effects）选项卡标签，单击视频特效（Video Effects）文件夹前小三角辗转按钮，展开该文件夹内 18 个子文件夹（18 大类特效），再单击子文件夹前小三角辗转按钮，可以分别展开该类的多种效果项目。另外，Premiere Pro CS5 还可以接受 After Effects 特效作为插件，扩充特效命令的数量。

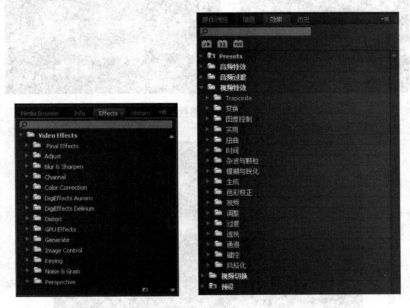

图 4-1 效果（Effects）面板

提示：

Premiere 中可以定制这两个面板的编辑风格，将不经常使用的效果隐藏起来，或创建新的文件夹来分组包括那些经常使用或很少使用的效果。

在查找栏 中输入特效的相关字符，可快速展开相关文件夹，如图 4-2 所示。

1. 为素材添加特效

当需要给一段视频或者图片添加特殊效果时，可以通过选择窗口（Windows）→效果（Effects）命令打开"效果"面板选择需要的效果，然后通过拖曳的方式将特效放到时间线轨道的素材上。

时间线轨道中的素材施加效果后，素材下方出现一条色线，效果设置同时出现在特效控制台（Effect Controls）面板中。在该面板中可以调节特效控制参数，以达到想要的效果，还可为属性设置关键帧，创建效果动画。

2. 特效控制与参数处理

选择窗口（Windows）→效果控制台（Effect Controls）命令打开效果控制面板，如图 4-3 所示。

图 4-2　查找特效

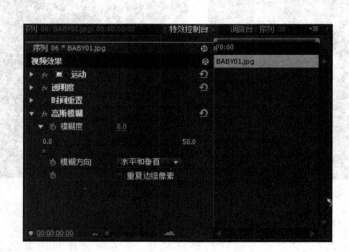

图 4-3　特效控制台

提示：

（1）在特效控制面板中通过调节属性卷展栏里的参数来控制各自的属性，同时滑动滑块也能起到相同的作用。

（2）可以将多个效果应用到同一个素材上，所有被添加的效果将按加入顺序显示在特效控制台（Effect Controls）面板中。

（3）可以随时关闭素材的某个效果。单击效果标签左侧的 图标，可以关闭效果显示；再次单击，效果又可被激活。

（4）选中效果，按 Delete 键可以删除效果。

（5）可以运用关键帧，创建视频特效动画。

3. 视频色彩调整

视频特效中的色彩调整主要分为色彩匹配和色彩校正,两者既有区别又有联系,在制作中有时又相互叠合。因此对色彩匹配和色彩校正的探究,不仅对特效制作具有指导作用,还将对作品提供一种新的创作可能。

1) 色彩匹配

在视频拍摄阶段,经常会遇到由于拍摄时地点、时间、机位不同,以及所采用的灯光、镜头焦距和曝光、快门速度的不同,因此不同影像片断间的色彩值和色度明暗也存在很大的差异。后期制作时为了使视频影调和谐统一,势必需要对影像素材进行色彩值、色度值的调整,使不同影像片断间仍然保持色彩的连贯性,这就是色彩匹配的传统定义。

在数字特效制作过程中,尤其是数字特效合成镜头中经常需要将多种图形对象,包括实拍的素材和计算机生成的角色与场景合成,多源对象之间的颜色、反差、质感等方面经常出现不匹配,因此需要对各元素进行不同程度的色彩调整,以便使合成镜头形成统一的画面风格和质感,这是数字制作中的色彩匹配。另外为了表现画面基调、特色而使用了大量夸张的色彩表现手法,此时的色彩匹配更多地用色彩本身进行创作。在颠覆原有世界色彩观的基础上,让每一部作品都可以创造自己本身的色彩识别系统,从而表现自己独特的色彩性格。

2) 色彩校正

主要对同一部影视作品中的色调进行客观技术与主观艺术层面上的色彩校准。客观技术层面的色彩校正主要是依据电影、电视色彩还原的相应技术指标参数的校准,对前期拍摄中的瑕疵如偏色、曝光过度等进行弥补,使前期拍摄的画面得到最大程度的色彩还原,以期达到电影、电视的画面播出的指标要求。

4.1.3 任务实施

1. 调色

【操作思路】

使用"颜色校正"→"色彩平衡"特效调整画面的颜色,将色调调整为怀旧的黄色调。

【步骤详解】

1) 设置项目输入素材

(1) 新建项目,完成项目设置,进入 Premiere Pro CS5.5。

(2) 双击项目(Project)窗口,打开导入(Import)对话框,导入所需素材,如图 4-4 所示。

(3) 将"秋色.jpg"拖入视频 1(Video1)轨道上。

2) 应用视频特效、调整效果参数、创建效果动画

(1) 打开"视频效果"面板,分别选择"调整"组中的基

图 4-4 导入素材

本信号控制(ProcAmp)效果、"色彩校正"组中的色彩平衡(Color Balance)效果和通道合成器(Channel Mixer)效果,并通过拖曳的方式分别放到"秋色.jpg"上。

提示：

基本信号控制（ProcAmp）效果可以分别调整视频的亮度、对比度、色相和饱和度。色彩平衡（Color Balance）效果可以调节高亮区、中间色调及暗区的红、绿、蓝的参数，利用对这些参数的调整，可以创建出统一的色彩平衡。通道合成器（Channel Mixer）通过设置每个颜色通道的数据，可以产生色阶图或其他色调的图。

图 4-5　基本信号控制（ProcAmp）效果初始设置

（2）选中对象，展开特效控制台（Effect Controls）面板，分别对各自特效展开各效果参数设置。

（3）将编辑线的时间定位在 00：00：00：00 处，单击关键帧开关 记录关键帧位置，保持效果参数的默认值，如图 4-5～图 4-7 所示。

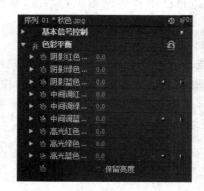

图 4-6　色彩平衡（Color Balance）效果初始设置

图 4-7　通道混合（Channel Mixer）的初始设置

（4）将编辑线移动到新位置 00：00：03：24。

（5）使画面有一种灰暗的、褪色的效果：需调整色调保护（ProcAmp）特效参数，可先单击关键帧导航器 中添加/删除关键帧（Add/Delete Keyframe）按钮 ，记录关键帧位置，再调整亮度（Brightness）、对比度（Contrast）、饱和度（Saturation）等参数，如图 4-8 所示。

（6）使画面有微微泛黄的效果：需调整色彩平衡（Color Balance）特效参数，可先单击关键帧导航器 中添加/删除关键帧（Add/Delete Keyframe）按钮 ，记录关键帧位置，再调整相应参数，如图 4-9 所示。

（7）使画面出现黄色调的效果：需调整通道合成器（Channel Mixer）特效参数，可单击关键帧导航器 中添加/删除关键帧（Add/Delete Keyframe）按钮 ，记录关键帧位置，再调整相应参数，如图 4-10 所示。

3）渲染、预览效果，存储作品

（1）按回车（Enter）键渲染、预览效果；

（2）选择文件（File）→保存（Save）命令，保存制作的文件。

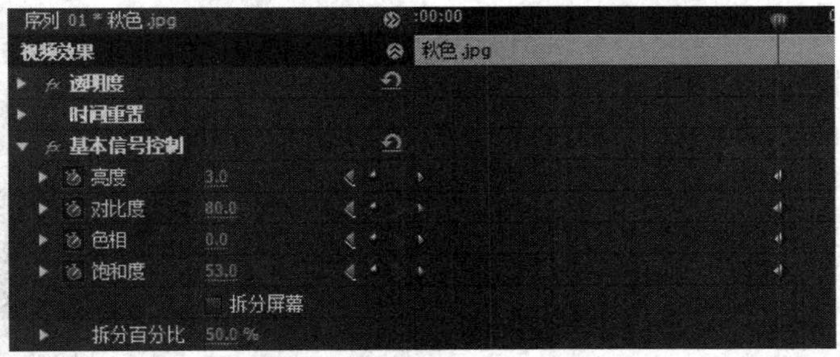

图 4-8　基本信号控制(ProcAmp)在第二关键帧处的设置

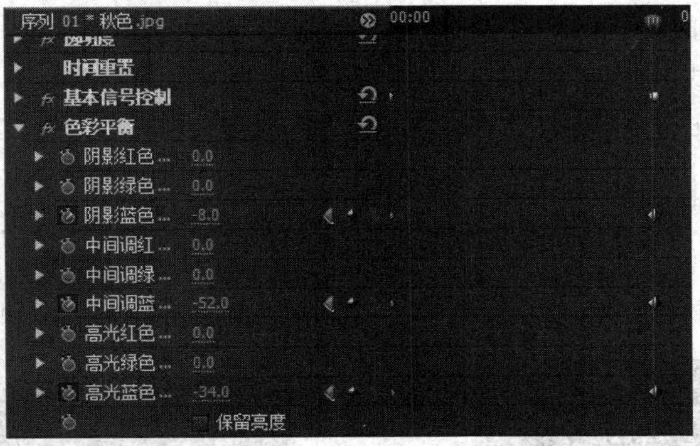

图 4-9　色彩平衡（Color Balance）在第二关键帧处的设置

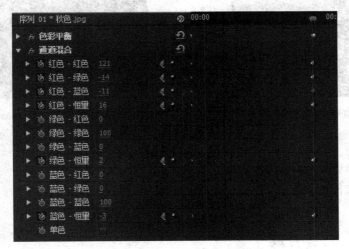

图 4-10　通道混合（Channel Mixer）在第二关键帧处的设置

2. 颜色替换

【操作思路】

使用"颜色校正"→"更改颜色"特效改变画面中物体的颜色。

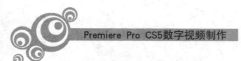

【步骤详解】

1）设置项目导入素材

（1）新建项目，完成项目设置，进入 Premiere Pro CS5.5。

（2）双击项目（Project）窗口，打开导入（Import）对话框，导入图片素材，如图 4-11 所示。

图 4-11　导入素材

2）制作图片更改颜色的效果

将"汽车.jpg"拖入视频 1（Video1）轨道上，选中该对象，将图片的尾部往后拖到 00：00：12：00 处的位置；打开"效果"面板，单击"视频特效"选项卡下"颜色校正"组中的"更改颜色"效果按钮，将"更改颜色"效果拖入到图片上，展开效果制作图片变换颜色的效果。

（1）将编辑线定位在 00：00：00：20 处，单击"色相变换"属性旁边的关键帧开关🕐，将其激活为🕐，关键帧记录器被打开，右侧的时间线上会出现一个当前位置关键帧，调整在当前帧的色相变换参数，使用吸管工具🖊将"要更改的颜色"吸取为黄色，再将"匹配容差"调整为 100％，最后选择"匹配颜色"中的"使用色相"。设置属性如图 4-12 所示。

（2）将编辑线定位在 00：00：11：24 处，单击关键帧导航器 ◀●▶ 中的 ● 按钮，添加色相变换属性的关键帧，并调整相应的参数值，制作对象颜色变换效果，如图 4-13 所示。

图 4-12　第一个关键帧处的设置

图 4-13　第二个关键帧处的设置

3）渲染、预览效果，存储作品

（1）按回车（Enter）键渲染、预览效果；

（2）选择文件（File）→保存（Save）命令，保存制作的文件。

4.2　任务 2　抠像合成

4.2.1　任务说明

利用 Premiere 的抠像功能去除素材中的单一颜色背景，将画面中的部分内容变成透明的，抠出复杂的对象，从而显现出其下层的画面，丰富整个合成画面效果。

4.2.2 预备知识

在进行画面合成时经常需要将不同的对象合成到一个场景中。一般情况下合成分为两种方式：叠加和抠像。要进行叠加合成，至少需要在上下两轨道上重叠放置不同的视频素材，然后设置不同视频轨道的不透明度值。或者使用抠像技术使视频的局部变得透明或半透明，就实现了影片的叠加。

抠像技术是视频编辑中常用的特技。"抠像"一词是从早期电视制作中得来的，英文称作"key"即"键"，意思是吸取画面中的某一种颜色作为透明色，将它从画面中抠去，从而使背景透出来形成多层画面的叠加合成。这样在室内拍摄的人物经抠像后与各种景物叠加在一起，形成神奇的艺术效果。于是在影片中就可以看到人在天空中飞行、鱼在陆地上行走、真人明星与动画明星同台献艺等许多有趣的特技效果。抠像的这种神奇功能成了视频制作中的常用技巧。

运用抠像技术，需要对拍摄对象的背景要求很严，需在特定的背景下拍摄，光线要求也很严格。因此在前期拍摄时就应非常重视如何布光，确保拍摄素材达到最好的色彩还原度。在使用有色背景时，最好使用标准的纯蓝色（PANTONE2735）或者纯绿色（PANToN354）。现在的抠像技术已发展得很成熟．如蓝屏抠像和绿屏抠像等。利用不同的抠像工具可从各种不同画面内容的前景素材中进行 Alpha 通道的提取。

提示：

为了便于后期制作时提取通道，如进行蓝屏幕拍摄时，有一些问题要考虑到：首先是前景物体上不能包含所选用的背景颜色，必要时可以选择其他背景颜色。

其次，背景颜色必须一致、光照均匀。要尽可能避免背景或光照深浅不一，有时当背景尺寸很大时，需要用很多块布或板拼接而成，要蓝色反光。

总之，前期拍摄时考虑得越周密，后期制作越方便，效果也越好。

同时，要进行抠像合成，一般情况下，至少需要在抠像层和背景层上下两个轨道上安置素材，并且抠像层在背景层之上。这样，在为对象设置抠像效果后，可以透出底下的背景层。

"键"是抠像所使用的方法，Premiere Pro CS5 提供了多种键控方式，可以轻易地剔除影片中的背景，不同的键控方式适用于不同的素材。其中：

1. 蓝屏抠像（Blue ScreenKey）

本抠像工具会对整个图像的蓝色背景进行抠像处理，所有蓝色区域都会被抠掉。

2. 色度抠像（Chroma Key）

本工具提供通过色度信息进行抠像的功能。

3. 明度抠像（Luma Key）

本工具会对图像指定亮度区域进行抠像处理，假设用户想把一个物体从亮度不同的区域抠出来，那么可以调整整体的亮度，然后对指定区域的像素进行抠像。

4.2.3 任务实施

1. 蓝屏抠像

【操作思路】

使用"键控"→"色度键"或"蓝屏键",去除素材画面内的蓝色部分。

【步骤详解】

1) 设置项目、导入素材

(1) 新建项目,完成项目设置,进入 Premiere Pro CS5.5。

(2) 双击项目(Project)窗口,打开导入(Import)对话框,导入各类素材,如图 4-14 所示。

(3) 在 Timeline 时间线窗口中配置素材。

① 将"大地.jpg"图片拖入视频 1(Video1)轨道上作背景;

图 4-14 导入素材

② 将"狮子.jpg"图片拖入视频 2(Video2)轨道上,两段素材起点对齐;

③ 两张图片持续的时间相同,都是 5s。

2) 为"狮子.jpg"图片抠除蓝色背景

方法一:色度键抠像(Chroma Key)

(1) 打开视频特效面板,选择"键控"组中的色度键(Chroma Key)效果,并通过拖曳的方式放到"狮子.jpg"图片上。

图 4-15 色度键 (Chroma Key) 效果参数设置

(2) 选中该对象,打开特效控制台(Effect Controls)面板,展开色度键(Chroma Key)效果参数选项。

(3) 单击并按住 Color(颜色)选项右面的吸管工具,拖动到监视器中的蓝色背景上释放鼠标,吸取蓝色。

(4) 设置参数类似性(Similarity),增大背景色的选择范围,观察到蓝色背景被逐渐抠除。相关参数设置如图 4-15 所示。

提示:

调节参数混合(Blend)的数值,可设置人物与背景视频的融合程度。数值越大,人物的不透明度越低。平滑(Smoothing)则可设置抠像后图像边缘锯齿的平滑程度。

方法二:蓝屏键抠像(Blue Screen Key)

(1) 打开特效面板,选择"键控"组中的蓝屏键(Blue Screen Key)效果,并通过拖曳的方式放到"狮子.jpg"图片上。

(2) 在特效控制台(Effect Controls)面板里展开蓝屏键(Blue Screen Key)效果,设置相应的参数属性。相关参数设置如图 4-16 所示。

提示：

参数阈值 Threshold 用来控制透明区域阴影；屏蔽度 Cutoff 可加亮或减暗阴影；平滑 Smoothing 可设定抠像时是否使用抗锯齿技术，抗锯齿技术可以有效提高抠像后边缘柔和度，使画面抠像更加精确。

3）调节"大地.jpg"图片的色彩，使叠合后的整体画面色彩更协调

（1）打开特效面板，选择色彩平衡（Color Balance）效果特效，并通过拖曳的方式放到"大地.jpg"图片上。

（2）在特效控制（Effect Controls）面板里展开各效果参数选项，使叠合后的整体画面色彩更协调。相关参数设置如图 4-17 所示。

图 4-16　蓝屏键（Blue Screen Key）效果参数设置

图 4-17　调整"大地.jpg"的色彩

4）渲染、预览效果，存储作品

（1）按回车（Enter）键渲染、预览效果；

（2）选择文件（File）→保存（Save）命令，保存制作的文件。

2. 绿屏抠像

【操作思路】

使用"键控"→"颜色键"去除素材画面内的绿色背景。

【步骤详解】

1）设置项目、导入素材

（1）新建项目，完成项目设置，进入 Premiere Pro CS5.5。

（2）双击项目（Project）窗口，打开导入（Import）对话框，导入各类素材，如图 4-18 所示。

（3）在时间线（Timeline）窗口中配置素材。

① 将编辑线定位在 00：00：00：00 处，从项目窗口中，将"背景图.jpg"图片拖入视频 1（Video1）轨道上作为背景；

图 4-18　导入素材

② 同样的方法，将"绿屏素材.jpg"图片拖入视频 2（Video2）轨道上，两段素材起点对齐；

③ 两张图片持续的时间相同，都是 5s。

2）为"绿屏素材.jpg"图片抠除绿色背景

使用的方法是颜色键（Color Key）方法。

（1）打开视频特效面板，选择"键控"组中的颜色键（Color Key）效果，并通过拖曳的方式放到"绿屏素材.jpg"图片上。

（2）选中该对象，打开特效控制（Effect Controls）面板，展开颜色键（Color Key）效果参数选项。

（3）单击并按住 Color（颜色）选项右面的吸管工具 ，拖动到监视器中的绿色背景上释放鼠标，吸取图片上的绿色。

（4）设置参数颜色宽容度，增大背景色的选择范围，观察到绿色背景被逐渐抠除。相关参数设置如图4-19所示。

图4-19　颜色键（Color Key）效果参数设置

提示：

颜色宽容度即容差，调节参数颜色宽容度，可显现抠出颜色的程度；数值越大，抠出的颜色越多，相反，值越低抠出颜色越少。边缘变薄是对边界的调整，正值表示向区域外蚀边，负值表示向区域内蚀边。边缘羽化即边界的羽化度。

3）渲染、预览效果，存储作品

（1）按回车（Enter）键渲染、预览效果；

（2）选择文件（File）→保存（Save）命令，保存制作的文件。

4.3　任务3　视频特效的综合应用

4.3.1　任务说明

使用多个特效共同协作来实现现实生活中无法实现的影视场景，使画面呈现更丰富有趣，视觉效果更精彩。

4.3.2　任务实施

1. 局部马赛克效果制作

【操作思路】

利用"变换"→"裁剪"效果，对上层的相同素材设置局部范围，再运用"风格化"→"马赛克"效果。

【步骤详解】

1）设置项目导入素材

（1）新建项目，完成项目设置，进入Premiere Pro CS5.5。

（2）双击项目（Project）窗口，打开导入（Import）对话框，导入图片素材，如图4-20所示。

2）制作局部范围

（1）将编辑线定位在00：00：00：00处，将"马赛克素材.avi"素材拖入视频1（Video1）轨道上。

图4-20　导入素材

（2）选中该对象，单击鼠标右键选择"复制"命令；用鼠标左键单击视频2轨道，轨道变成白色状态，说明已被选中，然后按Ctrl+V键，将轨道1中的素材复制一份到轨道2中。

（3）打开"效果"面板，单击"视频特效"选项卡下"变换"组中的"裁剪"效果按钮，将"裁剪"效果拖到轨道2对象上，展开裁剪的设置。

（4）隐藏轨道1中的素材，将编辑线定位在00：00：00：00处，分别单击"左对齐"、"顶部"、"右侧"、"右对齐"4个属性旁边的关键帧开关，将其激活为，关键帧记录器被打开，右侧的时间线上会出现一个当前位置关键帧，分别调整在当前帧的裁剪参数，如图4-21所示。

（5）将编辑线定位在00：00：03：21处，单击关键帧导航器中按钮，分别添加左对齐、顶部、右侧、右对齐属性的关键帧，并调整相应参数值，制作裁剪的效果，如图4-22所示。

图4-21　裁剪的参数设置

图4-22　裁剪的参数设置

（6）将编辑线定位在00：00：10：17处，单击关键帧导航器中按钮，分别添加左对齐、顶部、右侧、右对齐属性的关键帧，并调整相应参数值，制作裁剪的效果，如图4-23所示。

3）设置局部马斯克效果

裁剪效果制作完成后，再单击"视频特效"选项卡下"风格化"组中的"马赛克"效果按钮，将"马赛克"效果拖到轨道2对象上，调整它的参数设置，如图4-24所示。

4）渲染、预览效果，存储作品

（1）按回车（Enter）键渲染、预览效果；

（2）选择文件（File）→保存（Save）命令，保存制作的文件。

提示：

有时场景中会有一些不需要的东西被拍摄到视频画面中，也可以使用"垃圾遮罩"将其去除，只保留需要的部分。在特效面板中选择垃圾遮罩（Garbage Matte）应用到素材上，

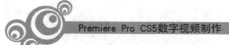

图 4-23 裁剪的参数设置

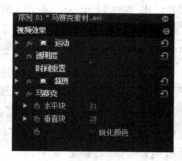

图 4-24 马赛克的参数设置

可看到监视器窗口中的图像四周出现控制点,拖动控制点,即可选定需要显示的部分,把不需要的部分遮住,如图 4-25 和图 4-26 所示。

图 4-25 遮罩特效前的画面

图 4-26 遮罩特效后的画面

还可以为素材应用图像遮罩键(Image Matte Key)特效,即使用一张指定的图像作为蒙版。蒙版是一个轮廓图,蒙版图像的白色区域使对象不透明,显示当前对象;黑色区域使对象透明,显示背景对象;灰度区域为半透明,混合当前背景与对象。设置过程如下所示。

为素材应用键控(Keying)中的图像遮罩键(Image Matte Key)特效,在特效控制台(Effect Controls)面板里单击图像遮罩键(Image Matte Key)右侧的 ▉ 设置按钮,在弹出的对话框中选择作为蒙版的图像如"马赛克蒙版.bmp"。

设置图像遮罩键(Image Matte Key)中的参数。其中,合成使用(Composite using)选择其下拉选项中的遮罩 Luma(Matte Luma);并选中反向(Reverse)复选框,如图 4-27 所示。

图 4-28 原始图像

图 4-27 图像遮罩键的设置

原始图像如图 4-28 所示,作为蒙版的图像如图 4-29 所示,合成效果如图 4-30 所示。

图 4-29 作为蒙版的图像

图 4-30 合成画面

2. 变形画面效果制作

【操作思路】

运用"扭曲"→"边角固定"特效将素材变形,放置到另一个素材的画面中,形成画中画的效果,如图 4-31 所示。

图 4-31 变形画面前后效果

【步骤详解】

1) 设置项目导入素材

(1) 新建项目,完成项目设置,进入 Premiere Pro CS5.5。

(2) 双击项目(Project)窗口,打开导入(Import)对话框,导入图片素材。

2) 制作变形画面的效果

将"电视机.bmp"和"四季过渡.avi"素材分别拖入视频 1(Video1)和 Video2(视频 2)轨道上。

(1) 将编辑线定位在 00:00:00:00 处,拖曳"电视机.bmp"在时间轴上的持续时间与"四季过渡.avi"在时间轴上的持续时间相同,如图 4-32 所示。

图 4-32 视频轨道窗口

（2）选中"四季过渡.avi"对象，打开"效果"面板，单击"视频特效"选项卡下"扭曲"组中的"边角固定"效果按钮，将"边角固定"效果拖到该对象上，适当地调整它的参数设置，使"四季过渡.avi"中画面铺满"电视机.bmp"中的电视机屏幕，如图4-33所示。

3）渲染、预览效果，存储作品

（1）按回车（Enter）键渲染、预览效果；

（2）选择文件（File）→保存（Save）命令，保存制作的文件。

图4-33 效果参数的设置

3. 镜像效果制作

【操作思路】

运用"扭曲"→"镜像"特效制作对象的水中倒影，并运用"变换"→"裁剪"和"调整"→"光照"效果，对水面进行调整和照明烘托，使水里的倒影效果更加显著和满意。

【步骤详解】

1）设置项目导入素材

（1）新建项目，完成项目设置，进入Premiere Pro CS5.5。

图4-34 导入素材

（2）双击项目（Project）窗口，打开导入（Import）对话框，导入图片素材，如图4-34所示。

2）制作金字塔镜像效果

将编辑线定位在00:00:00:00处，拖入"金字塔.bmp"到视频1（Video1）轨道上；选中该对象，打开"效果"面板，单击"视频特效"选项卡下"扭曲"组中的"镜像"效果按钮，将"镜像"效果拖到图片上，展开"镜像"效果的设置，制作金字塔镜像的效果，如图4-35所示。

3）制作水面光照效果

（1）将编辑线定位在00:00:00:00处，拖入"水面.bmp"到视频2（Video2）轨道上。选中"水面.bmp"对象，打开"效果"面板，单击"视频特效"选项卡下"变换"组中的"裁剪"效果按钮，将"裁剪"效果拖到图片上，展开裁剪效果的设置，对图片做些适当的调整。参数属性设置如图4-36所示。

图4-35 镜像效果的设置

图4-36 裁剪效果的设置

（2）再选中"水面.bmp"对象，打开"效果"面板，单击"视频特效"选项卡下"调整"组中"光照"效果按钮，将"光照"效果拖到图片中，展开"光照"效果的设置，如图 4-37 所示。

图 4-37　光照效果的设置

4）渲染、预览效果，存储作品

（1）按回车（Enter）键渲染、预览效果；

（2）选择文件（File）→保存（Save）命令，保存制作的文件。

4. 重复画面效果制作

【操作思路】

运用"风格化"→"复制"特效制作对象在画面中的重复效果，然后添加抠像特效将画面中的颜色背景去除，显露出背景图像；再建立彩色蒙版并添加"生成"→"网格"特效制作网格；最后在最上层放置抠除背景颜色的对象，形成一个层次丰富的画面效果。制作效果如图 4-38 所示。

图 4-38　重复画面效果

【步骤详解】

1）设置项目导入素材

（1）新建项目，完成项目设置，进入 Premiere Pro CS5.5。

（2）双击项目（Project）窗口，打开导入（Import）对话框，导入图片素材。

2）制作画面重复的效果

（1）将编辑线定位在00：00：00：00处，将"噪线图.bmp"拖入视频1（Video1）轨道上。

（2）将编辑线定位在00：00：00：00处，将"屏幕人物.bmp"拖入视频2（Video2）轨道上，选中该对象，打开"效果"面板，单击"视频特效"选项卡下"风格化"组中的"复制"效果按钮，将"复制"效果拖到"屏幕人物.bmp"中，设置其参数属性，复制多个人物效果，如图4-39所示。

（3）再选中"屏幕人物.bmp"对象，打开"效果"面板，单击"视频特效"选项卡下"键控"组中的"蓝屏键"效果按钮，将"蓝屏键"效果拖入"屏幕人物.bmp"中，设置其参数属性，抠出人物图像，去掉蓝色背景的效果如图4-40所示。

图4-39　复制效果的设置

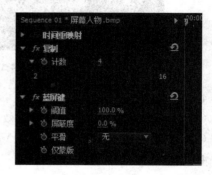

图4-40　蓝屏键效果的设置

3）利用彩色蒙版制作网格的效果

（1）单击"文件"选项卡下"新建"组中的"彩色蒙版"按钮，弹出"新建颜色遮罩"对话框，单击"确定"按钮；弹出"拾色器"对话框，将光标移到颜色区域，选择♯000000，单击"确定"按钮；接着跳转到"选择名称"对话框，将其改为"彩色蒙版"名称，单击"确定"按钮。

（2）将编辑线定位在00：00：00：00处，将"彩色蒙版"拖放到视频3（Video3）轨道上，选中"彩色蒙版"对象，打开"效果"面板，单击"视频特效"选项卡下"生成"组中的"网格"效果按钮，将"网格"效果拖入"彩色蒙版"中，设置其参数属性，制作网格的效果，如图4-41所示。

4）制作单个屏幕人物效果

将编辑线定位在00：00：00：00处，拖入"屏幕人物.bmp"到视频4（Video4）轨道上，选中该对象，打开"效果"面板，单击"视频特效"选项卡下"键控"组中的"蓝屏键"效果按钮，将"蓝屏键"效果拖入"屏幕人物.bmp"中，设置其参数属性，抠出人物图像，去掉蓝色背景的效果，如图4-42所示。

5）渲染、预览效果，存储作品

（1）按回车（Enter）键渲染、预览效果；

（2）选择文件（File）→保存（Save）命令，保存制作的文件。

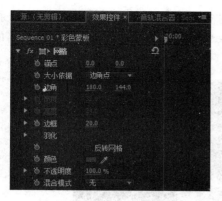

图 4-41　网格效果的参数设置

图 4-42　蓝屏键效果的设置

5. 水墨画效果制作

【操作思路】

　　使用"黑白"特效将彩色画面变成黑白，然后运用"查找边缘"特效勾勒出图形的轮廓，并运用"色阶"特效进行画面调整，使画面中的图形更加明显；再运用"高斯模糊"特效的设置产生形象的水墨效果。可以在画面上添加题词作点缀，运用"裁剪"等特效简单装裱画面，将一幅拍摄的风景画处理成水墨画的效果。

【步骤详解】

　　1）设置项目输入素材

　　（1）新建项目，完成项目设置，进入 Premiere Pro CS5.5。

　　（2）双击项目（Project）窗口，打开导入（Import）对话框，导入图片素材，如图 4-43 所示。

　　2）制作彩色蒙版

　　（1）单击"文件"选项卡下"新建"组中的"彩色蒙版"按钮，弹出"新建颜色遮罩"对话框，单击"确定"按钮；打开"拾色器"对话框，将光标移到颜色区域，选择♯BFBFA4，单击"确定"按钮；接着跳转到"选择名称"对话框，将其改为"彩色蒙版"名称，最后单击"确定"按钮。

　　（2）将编辑线定位在 00:00:00:00 处，将"彩色蒙版"拖放到视频 1（Video1）轨道上。

　　3）制作图片水墨画的效果

　　（1）将编辑线定位在 00:00:00:00 处，将"风景. tif"拖入视频 2（Video2）轨道上；选中该对象，打开特效控制台（Effect Controls）面板，展开运动（Motion）效果，将位置属性设置为相应的参数，如图 4-44 所示。

图 4-43　导入素材

图 4-44　位置参数的设置

（2）选中"风景.tif"，打开"效果"面板，单击"视频特效"选项卡下的"黑白"、"查找边缘"、"色阶"、"高斯模糊"、"裁剪"效果，将这些效果依次拖入图片中，分别设置它们的参数属性，如图 4-45 所示。

图 4-45　水墨画效果参数的设置

4）制作画面题词的效果

将编辑线定位在 00:00:00:00 处，将"题词.tif"拖放到视频 3（Video3）轨道上，选中该对象，打开特效控制台（Effect Controls）面板，展开运动效果的设置，设置其位置的参数属性；同时选择视频特效"键控"→"亮度键"效果，将"亮度键"效果拖到该图片上，设置相应的参数属性，如图 4-46 所示。

图 4-46　题词效果参数的设置

5）渲染、预览效果，存储作品

（1）按回车（Enter）键渲染、预览效果；

（2）选择文件（File）→保存（Save）命令，保存制作的文件。

4.4 任务4 外挂插件特效的应用

4.4.1 任务说明

Shine 特效可以使素材产生放射式的光芒，经常使用它制作 LOGO、文字的发光动画。可以调整发光的强度、光线的强度、发光的颜色以及发光细节的调整，制作出有冲击力的效果。

4.4.2 预备知识

插件就像是 Premiere 的"翅膀"，大体分为两类：一是输入输出插件，可使 Premiere 支持更多类型的视频文件；二是音视频特效插件，可使 Premiere 支持添加更多的特效。

不同的插件有不同的安装方法，有的插件（如扩展名为.EXE）可通过 Setup 安装、有的插件（如扩展名为.AEX）则直接复制到 Premiere Pro CS5 所在路径的"Plug-ins\en_US"下。重新启动 Premiere，在视频特效的 Trapcode 文件夹中能找到。

图 4-47 Shine 应用效果图

1. Shine 插件

Shine 是个发光插件，效果如图 4-47 所示。

Shine 插件各参数含义如下。

（1）发光点：发光点所在的位置。这是个重要的参数，在特效面板上选中 Shine 的时候，在时间线监视器上可以看到发光点的位置，可拖动它进行位置的快速调整。

（2）光芒长度：设置光的长度。默认是 4。

（3）微光：当把后面的"提升亮度"数量级别设置为比较高的时候，设置微光里面的数量和细节可看到光线的变化。而提升亮度默认是 0，所以如果先设置数量和细节就看不到变化。

① 数量：设置主体的光束数量，数量越大，光束越多。要先设置细节再设置数量才能看到明显的变化。默认是 0。

② 细节：设置主体光束的细节，细节数量越大，则主体光束周围的分支越多。默认是 10。

③ 发射点影响微光：勾选发射点影响微光，可激活半径和减少闪烁的设置。

（4）相位：设置光线旋转多少度。默认是 0°。如果输入 360，就是旋转一圈，输入 720 就是旋转两圈。

当发光点固定不动的时候（意思是不给发光点添加关键帧作动画），设置相位可制作出光线围绕素材发光的效果。

（5）循环：勾选"循环"，可激活循环旋转的设置。

循环旋转：设置光线旋转多少次。

当旋转角度（相位）小于360°的时候，设置循环的次数就看得出效果，当旋转角度大于360°的时候，就看不出效果了。

（6）提升亮度：调整光线发光的亮度。默认是0。

（7）颜色模式。

① 颜色模式：无、单一色、三色渐变、五色渐变和其他22个自带的颜色模式。

② 基于：亮度、明亮、alpha、alpha边缘、红色、绿色、蓝色。

当颜色模式勾选为"无"的时候，默认以当前素材的主体色发光。

当勾选"单一色"的时候，可激活以下参数设置：颜色。意思是选一个颜色。

当勾选"三色渐变"的时候，可激活以下参数设置：高光色、中间色、阴影色。

当勾选"五色渐变"的时候，可激活以下参数设置：高光色、中高色、中间色、中低色、阴影色。

③ 边缘厚度：在"基于"里面勾选"alpha边缘"后，此选项会被激活。

（8）图层不透明度：设置当前素材的透明度。

（9）光线不透明度：设置光线的透明度。

（10）混合模式：设置光和素材图层颜色的混合模式，默认是"无"，使用Shine要先设置这里，光线看起来才明显，一般是勾选"正常"或"增加"，图层色彩混合模式的设置和Photoshop里面是一样的。

2. 3D Stroke 插件

3D Stroke可以借由多个mask的path计算出质体的笔画线条，并且可以自由地在3D的空间中旋转或移动，内建一组camera，并且很容易制作动画。

虽然Premiere可以用，但多数还是用在After Effect中，直接贴上Adobe Illustrator的path作为mask后，更可以自在地发挥艺术力和想象力，并且线条不会因为角度的原因而消失。Repeater工具可以将用户所画的路径做3D空间的复制，并且能设定旋转、位移，以及缩放的程度。

3D Stroke还包含动态模糊的功能，因此当线条快速移动的时候，动画看起来仍然非常流畅。内建的transfer mode功能可以轻易地在一个图层中推叠出许多效果，还有bend和taper功能可以在3D空间中自由地将笔画弯曲变形。效果如图4-48所示。

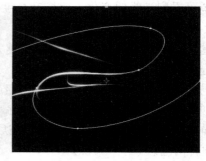

图4-48　3D Stroke应用效果图

3. Starglow 插件

Starglow 是一个快速制作星光闪耀效果的滤镜,它能在影像中高亮度的部分加上星状的闪耀效果。而且可以个别指定 8 个闪耀方向的颜色和长度,每个方向都能被单独地赋予颜色贴图和调整强度。这样的效果看起来类似 diffusion 滤镜,它可以为动画增加真实性,或是制作出全新的梦幻的效果,甚至模拟镜头效果。用在分子或文字上也能制作出很不错的效果。效果如图 4-49 所示。

图 4-49　Starglow 应用效果图

4.4.3　任务实施

片头制作:

【操作思路】

使用外挂插件 Trapcode→Shine 制作多个光效。有光效从中心的放射和收起效果,有光效从左到右的扫光效果,有根据手写文字的进程设置光效位置移动所产生的光效,还有设置不同颜色的光芒效果。同时,Shine 和 Stylize→Glow 特效配合应用会使光效更加显著。

【步骤详解】

1. 设置项目输入素材

(1)新建项目,完成项目设置,进入 Premiere Pro CS5.5。

(2)新建序列 01,命名为"Sequence 01",完成序列的设置。

(3)双击项目(Project)窗口,打开导入(Import)对话框,导入图片素材,如图 4-50 所示。

图 4-50　导入素材

2. 制作视频光效一的效果

光效为从中心的放射和收起的效果,如图 4-51 和图 4-52 所示。

图 4-51　光效的起始效果

图 4-52　光效的结束效果

具体的操作过程如下。

将"文字视频.avi"视频素材拖入视频 1（Video1）轨道上；选中该对象，打开"效果"面板，单击"视频效果"选项卡下 Trapcode 组中的 Shine 效果按钮，将 Shine 效果拖到视频上，打开特效控制台（Effect Controls）面板，展开 Shine 设置。

（1）将编辑线定位在 00∶00∶02∶24 处，分别单击 Ray Length 和 Shine Opacity 两个属性旁边的关键帧开关 ，将其激活为 ，关键帧记录器被打开，右侧的时间线上会出现一个当前位置关键帧，分别调整在当前帧的 Ray Length 参数，将视频加上光效；设置 Shine Opacity 为 100，显现光效，如图 4-53 所示。

（2）将编辑线定位在 00∶00∶03∶24 处，单击关键帧导航器 中 按钮，分别添加 Ray Length 和 Shine Opacity 属性的关键帧，并调整相应的参数值，制作光效渐隐、同时消失的效果，如图 4-54 所示。

图 4-53　第一个关键帧处的设置

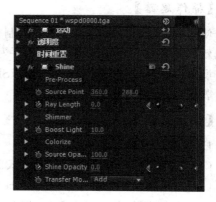

图 4-54　第二个关键帧处的设置

3．制作视频光效二的效果

光效为从左到右的扫光效果，如图 4-55 和图 4-56 所示。

具体的操作过程如下。

（1）新建 Sequence 02，完成序列设置。

（2）将编辑线定位在 00∶00∶00∶00 处，将"文字视频 2.avi"视频素材拖到视频 1（Video1）轨道上；选中该对象，打开"效果"面板，单击"视频特效"选项卡下 Trapcode 组中的 Shine 效果按钮，将 Shine 效果拖到视频上，打开特效控制台（Effect Controls）面板，展开 Shine 设置。

图 4-55　光效的起始效果

图 4-56　光效的结束效果

（3）将编辑线定位在 00：00：00：00 处，分别单击 Source Point、Ray Length、Boost Light 和 Shine Opacity 4 个属性旁边的关键帧开关 ，将其激活为 ，关键帧记录器被打开，右侧的时间线上会出现一个当前位置关键帧，调整在当前帧的 Source Point 参数，将视频加上光效；设置 Shine Opacity 为 100，显现光效果，如图 4-57 所示。

（4）在 00：00：02：20 处分别添加 Source Point、Ray Length、Boost Light 和 Shine Opacity 4 个属性的关键帧，调整 Source Point 相应参数值，设置光效果，如图 4-58 所示。

图 4-57　第一个关键帧处的设置

图 4-58　第二个关键帧处的设置

（5）在 00：00：03：20 处，添加 Source Point、Ray Length、Boost Light 和 Shine Opacity 4 个属性的关键帧，调整它的参数值，使对象属性保持原来的状态，如图 4-59 所示。

4. 制作视频光效三的效果

该光效为光芒根据手写文字的进程而产生移动，如图 4-60 所示。

具体的操作过程如下。

1）新建序列，新建字幕

（1）新建序列，命名为序列 01，完成序列设置。

图 4-59　第三个关键帧处的设置

图 4-60　光效效果

（2）单击"文件"选项卡下"新建"组中的"字幕"按钮，字幕命名为"永"。

（3）打开字幕面板，在屏幕的中央输入"永"字，颜色填充为♯E5E5E5，选择适当的字体，设置合适的大小，关闭字幕。

2）制作文字的手写笔顺效果

（1）将编辑线定位在 00:00:00:00 处，将字幕"永"拖到序列 01 视频 1 轨道上，将持续时间设置为 00:00:08:00s，选中该对象，打开"效果"面板，选择"视频特效—键控—4点无用信号遮罩"效果，将"4 点无用信号遮罩"效果拖到该字幕上，分别拖入两次"4 点无用信号遮罩"，打开特效控制台（Effect Controls）面板，分别展开各自的"4 点遮罩"的设置。

（2）将编辑线定位在 00:00:00:00 处，分别单击第二个遮罩效果中"上右"、"下右"和"下左"三个属性旁边的关键帧开关 ，将其激活为 ，关键帧记录器被打开，右侧的时间线上会出现一个当前位置关键帧，分别调整在当前帧上的参数，将字幕部分遮罩，如图 4-61 所示。

（3）在 00:00:00:05 处，分别添加"上右"、"下右"和"下左"三个属性的关键帧，调整相应的参数值，设置遮罩效果，如图 4-62 所示。

图 4-61　第一个关键帧处的设置

图 4-62　第二个关键帧处的设置

（4）将编辑线定位在 00:00:00:00 处，将字幕"永"拖到序列 01 视频 2 轨道上，将持续时间设置为 00:00:08:00s，选中该对象，打开"效果"面板，选择"视频特效—键控—8点无用信号遮罩"效果，将"8 点无用信号遮罩"效果拖到该字幕上，拖入三次遮罩效果，打开效果控制面板，分别展开各自"8 点遮罩"的设置，如图 4-63 和图 4-64 所示。

（5）将编辑线定位在 00:00:00:00 处，分别单击第三个遮罩效果中"下右顶点"、"下中切点"和"左下顶点"三个属性旁边的关键帧开关 ，将其激活为 ，关键帧记录器被打开,右侧的时间线上会出现一个当前位置关键帧,分别调整在当前帧上的参数,将字幕部分遮罩,如图 4-65 所示。

图 4-63 第一次 8 点遮罩效果的设置　　　　图 4-64 第二次 8 点遮罩效果的设置

(6) 在 00:00:00:19 处,分别添加"下右顶点"和"下中切点"两个属性的关键帧,调整相应的参数值,设置遮罩效果,如图 4-66 所示。

图 4-65 第一个关键帧处的设置　　　　　　　图 4-66 第二个关键帧处的设置

(7) 在 00:00:011:24 处、00:00:13:24 处,分别添加"下右顶点"和"下中切点"属性的关键帧,调整相应参数值,制作出字幕被遮罩的效果,如图 4-67 和图 4-68 所示。

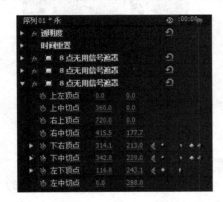

图 4-67 第三个关键帧处的设置　　　　　　　图 4-68 第四个关键帧处的设置

（8）将编辑线定位在00：00：02：06处，添加"左下顶点"属性的关键帧，调整相应参数值，制作出文字书写的效果，如图4-69所示。

（9）将编辑线定位在00：00：02：08处，分别添加"下右顶点"和"下中切点"两个属性的关键帧，调整相应参数值，制作出文字被遮罩的效果，如图4-70所示。

图4-69　第五个关键帧处的设置

图4-70　第六个关键帧处的设置

（10）将编辑线定位在00：00：02：18处，添加"下中切点"属性的关键帧，调整相应参数值，制作出文字书写的效果，如图4-71所示。

（11）将编辑线定位在00：00：02：15处，将字幕"永"拖到序列01视频3轨道上，将持续时间设置为00：00：05：10s，选中该对象，打开"效果"面板，选择"视频特效—键控—8点无用信号遮罩"效果，将"8点无用信号遮罩"效果拖到该字幕上，分别拖入两次"8点无用信号遮罩"，打开特效控制台（Effect Controls）面板，分别展开各自的8点遮罩的设置，如图4-72所示。

图4-71　第七个关键帧处的设置

图4-72　第一次8点遮罩效果的设置

（12）将编辑线定位在00：00：02：17处，分别单击第二个遮罩效果中"右中切点"、"下右顶点"两个属性旁边的关键帧开关，将其激活为，关键帧记录器被打开，右侧的时间线上会出现一个当前位置关键帧，分别调整在当前帧上的参数，制作文字书写的效果，如图 4-73 所示。

（13）在 00：00：03：00 处，添加"右中切点"属性的关键帧，调整相应的参数值，设置遮罩效果，如图 4-74 所示。

图 4-73　第一个关键帧处的设置　　　　　图 4-74　第二个关键帧处的设置

（14）将编辑线定位在 00：00：03：02 处，单击第二个遮罩效果中"下中切点"属性旁边的关键帧开关，将其激活为，关键帧记录器被打开，右侧的时间线上会出现一个当前位置关键帧，分别调整在当前帧上的参数，制作文字书写的效果，如图 4-75 所示。

（15）在 00：00：04：02 处，分别添加"下右顶点"、"下中切点"和"左下顶点"三个属性的关键帧，调整相应的参数值，设置遮罩效果，如图 4-76 所示。

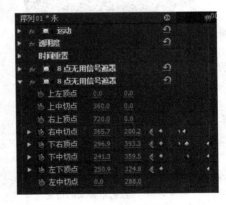

图 4-75　第三个关键帧处的设置　　　　　图 4-76　第四个关键帧处的设置

（16）将编辑线定位在 00：00：03：02 处，单击第二个遮罩效果中"下中切点"属性旁边的关键帧开关，将其激活为，关键帧记录器被打开，右侧的时间线上会出现一个当前位置关键帧，分别调整在当前帧上的参数，制作文字书写的效果，如图 4-77 所示。

（17）在 00：00：04：02 处，分别添加"下右顶点"、"下中切点"和"左下顶点"三个属性的关键帧，调整相应的参数值，设置遮罩效果，如图 4-78 所示。

（18）将编辑线定位在 00：00：03：17 处，将字幕"永"拖到序列 01 视频 4 轨道上，将持续时间设置到 00：00：04：08 处，选中该对象，打开"效果"面板，选择"视频特效—键控—8点无用信号遮罩"效果，将"8点无用信号遮罩"效果拖到该字幕上，设置 8 点遮罩的效果属性,如图 4-79 所示。

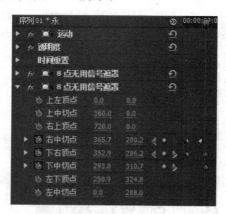

图 4-77　第三个关键帧处的设置

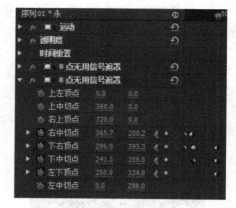

图 4-78　第四个关键帧处的设置

(19) 再选中该对象,打开"效果"面板,选择"视频特效—键控—4 点无用信号遮罩"效果,将"4 点无用信号遮罩"效果拖到该字幕上,展开效果控制面板,设置 4 点遮罩的效果属性。

(20) 将编辑线定位在 00:00:03:19 处,单击 4 点遮罩效果中"上左"和"下左"属性旁边的关键帧开关,将其激活为,关键帧记录器被打开,右侧的时间线上会出现一个当前位置关键帧,分别调整在当前帧上的参数,制作文字书写的效果,如图 4-80 所示。

图 4-79　8 点遮罩效果的设置

图 4-80　第一个关键帧处的设置

(21) 在 00:00:04:20 处,分别添加"上左"和"下左"两个属性的关键帧,调整相应的参数值,设置遮罩效果,如图 4-81 所示。

(22) 将编辑线定位在 00:00:04:19 处,将字幕"永"拖到序列 01 视频 5 轨道上,将持续时间设置为 00:00:03:06s,选中该对象,打开"效果"面板,选择"视频特效—键控—8 点无用信号遮罩"效果,将"8 点无用信号遮罩"效果拖到该字幕上,设置 8 点遮罩的效果属性,如图 4-82 所示。

(23) 再选中该对象,打开"效果"面板,选择"视频特效—键控—4 点无用信号遮罩"效果,将"4 点无用信号遮罩"效果拖到该字幕上,展开效果控制面板,设置 4 点遮罩的效果属性。

图 4-81　第二个关键帧处的设置

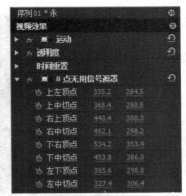

图 4-82　8 点遮罩效果的设置

（24）将编辑线定位在 00:00:04:19 处,单击 4 点遮罩效果中"上右"和"下右"属性旁边的关键帧开关 ⏱,将其激活为 ⏱,关键帧记录器被打开,右侧的时间线上会出现一个当前位置关键帧,分别调整在当前帧上的参数,制作文字书写的效果,如图 4-83 所示。

（25）在 00:00:06:00 处,分别添加"上右"和"下右"两个属性的关键帧,调整相应的参数值,设置遮罩效果,如图 4-84 所示。

图 4-83　第一个关键帧处的设置

图 4-84　第二个关键帧处的设置

3）制作文字书写光效果

（1）新建序列,命名为 Sequence 03,完成序列设置。

（2）将编辑线定位在 00:00:00:00 处,将制作好的"序列 01"拖到 Sequence 03 视频 1 轨道上,将持续时间设置为 00:00:08:00s,选中该对象,打开"效果"面板,单击"视频特效"选项卡下 Trapcode 组中的 Shine 效果按钮,将 Shine 效果拖到视频 1 上,打开特效控制台（Effect Controls）面板,展开 Shine 设置。

（3）将编辑线定位在 00:00:00:00 处,单击 Source Point 属性旁边的关键帧开关 ⏱,将其激活为 ⏱,关键帧记录器被打开,右侧的时间线上会出现一个当前位置关键帧,分别调整在当前帧的 Source Point 参数,将视频加上光效,如图 4-85 所示。

（4）在 00:00:01:00 处、00:00:01:20 处、00:00:02:12 处、00:00:03:00 处、00:00:04:20 处,分别添加 Source Point 属性的关键帧,调整它的参数值,制作对象光效果,如图 4-86～图 4-90 所示。

101

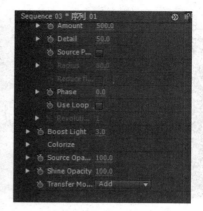

图 4-85　第一个关键帧处的设置

图 4-86　第二个关键帧处的设置　　　　　图 4-87　第三个关键帧处的设置

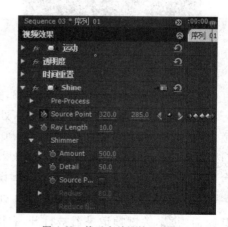

图 4-88　第四个关键帧处的设置　　　　　图 4-89　第五个关键帧处的设置

（5）在 00:00:06:00 处,分别添加 Source Point、Ray Length 和 Shine Opacity 三个属性的关键帧,调整相应参数值,制作光源的效果,如图 4-91 所示。

（6）在 00:00:07:00 处,分别添加 Ray Length 和 Shine Opacity 三个属性的关键帧,

图 4-90　第六个关键帧处的设置

图 4-91　第七个关键帧处的设置

调整相应参数值,制作光源的效果,如图 4-92 所示。

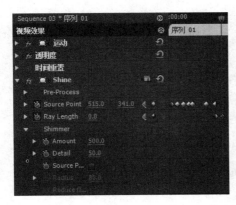 

图 4-92　第八个关键帧处的设置

4）渲染、预览效果,存储作品

（1）按回车（Enter）键渲染、预览效果;

（2）选择文件（File）→保存（Save）命令,保存制作的文件。

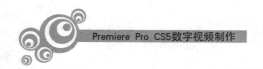

项目总结

本项目主要介绍了 Premiere 中的一些常用视频特效的应用,外挂插件则可使 Premiere 支持添加更多的特效,丰富视觉效果,使影视创作达到一个新的台阶。

课后操作

通过完成调整视频色彩、替换颜色、抠像合成、外挂插件特效的应用等任务,掌握 Premiere 内置的视频特效应用及设置、外挂插件特效的安装与使用,能熟练运用视频特效来很好地调整和处理视频画面的效果。

项目 5　为影片加入字幕

项目导读

一个完整的影片需要有剧名、演员表、歌词、对白、出品单位等字幕。字幕主要由文字和图形组成。现在,字幕的作用已不仅是视频和音频的说明,而已经发展成为视频和音频的组成部分,能够为整个艺术作品增添艺术性并补充整个作品的缺失内容。

Adobe Premiere Pro CS5 中专门提供一个字幕文件编辑器(Adobe Title Designer)。字幕文件编辑器可以用来制作文字和图形,利用这些工具以及字幕 Title 菜单的命令可以制作出各种式样的字幕,丰富影视节目的内容。

知识与学习目标

技能方面:

(1) 领会字幕制作基础;

(2) 掌握字幕编辑面板;

(3) 熟练掌握字幕模板应用、各种常见字幕类型的制作方法。

5.1　任务 1　建立静态字幕

5.1.1　任务说明

在字幕编辑面板中输入文字、设置文字属性及风格,建立一个字幕文件。

5.1.2　预备知识

1. 字幕的作用

在视听语言艺术中,字幕作为一种重要的视觉元素,具有传达准确信息、制造意境、情绪效果、深化主题的作用,优秀的字幕设计制作会给影视作品增色不少。

从艺术表现角度看,字幕分成两大类:标题性字幕,说明性字幕。标题性字幕的字号相对较大,字体艺术性强,常用于片名或时间地点的交代等;而说明性字幕则相反:字号小,字体一般不要求艺术性,但要求清晰、便于阅读,常用于说明、叙述及演职员表等。

从字幕的呈现方式看,字幕分为静态字幕和动态字幕两种。静态字幕即固定不动的字幕,仅在出现和消失过程运用特效;动态字幕如滚动,要求控制运动速度和方向,既要有动感刺激力度,又要让人欣赏到运动中的细节。

字幕是视觉语言的一种,它以文字与图像符合的方式传递信息,是对声音与图像所表达的强化和补充。在一部影片的制作过程中,字幕往往能起到非常好的衬托作用,例如影片开头时的标题、片中常见的说明文字(如 MTV)、片尾时用于显示演员名单的滚动字幕等。影视作品画面上叠印的文字可以增加画面的信息量,对画面有说明、补充、扩展、强调等作用。它常用来介绍画面的人物身份、姓名、说明时间、地点;用于电视新闻中简要概括主题、强调新闻要点、关键言论、具体数字等,并对新闻背景做出补充。在电视节目播出中,屏幕文字还可报道新发生的新闻事件,预告下面节目的名称及播出时间。

2. 字幕编辑窗口应用

鉴于字幕使用的广泛性,Premiere 专门提供有一个字幕文件编辑器(Adobe Title Designer),可以制作出各种样式的字幕,丰富影视节目的内容。

字幕作为一个独立的文件保存,它不受项目的影响。字幕文件格式有:＊.ptl、＊.prtl。

制作和修改好的字幕放置在项目面板内管理。在一个项目中允许同时打开多个字幕面板,也可以在时间线面板或项目面板中双击字幕文件,打开先前保存的字幕进行修改。

在项目管理器窗口中,单击鼠标左键把字幕文件拖曳到时间线上的 Video 视频轨道上,如果 Video 什么视频都没有,那么就是黑色的底;如果 Video 有视频,字幕下方会出现视频,这样,一个创建好的字幕就添加到了时间轴的轨道上了。

1)创建字幕

(1)新建字幕

在项目窗口中单击鼠标右键,选择命令 New Item→Title,或者单击项目面板下的 ▦(新项目)按钮,选择 Title,都可打开新建字幕(New Title)对话框,如图 5-1 所示。

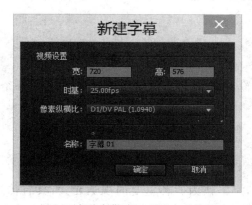

图 5-1　新建字幕（New Title）对话框

在新建字幕(New Title)对话框中,可重新设置字幕的尺寸、时基等参数,在名称(Name)文本框中输入名称,单击▦(确定)按钮,即可进入字幕(Title)窗口。

（2）字幕设计面板

字幕设计面板如图 5-2 所示。

图 5-2　字幕设计面板

字幕设计面板的左边是工具箱和各种编辑工具，可以用来进行编辑文字和各种图形的制作。

选择工具：该工具可用于选择一个对象，如同时按住 Shift 键则可选择多个对象。选择对象后可直接拖动以改变对象位置，或调节框选点以改变大小。

旋转工具：该工具可以旋转对象。

文字工具：该工具用于建立并编辑文字。

竖排文字工具：该工具用于建立竖排文字。

段落文本工具：该工具可以用于建立段落文本。该工具与普通文本工具的不同在于，它建立文本的时候，首先要拖曳鼠标画出一个范围框。调整文本属性，范围框不会受到影响。

竖排段落文本工具：该工具用于建立竖排段落文本。

路径文本工具（垂直）：该工具可以建立一段沿路径排列的文本。

路径文本工具（平行）：该工具可以建立一段平行于路径的文本。

还可以利用钢笔工具、锚点添加工具、锚点删除工具、锚点转换工具，在字幕窗口绘制复杂的轮廓及图形。利用矩形工具、剪角矩形工具、变圆角矩形工具、圆角矩形工具、楔形工具、弧形工具、椭圆工具、直线工具绘制相应基本图形，如图 5-3 所示。

字幕设计面板的右侧是字幕属性（Title Properties），可以对对象进行风格化设置。

在设计面板的下方是字幕样式（Title Styles），是 Premiere 系统自带的一些文字样式。选择字幕后可单击选择其中的样式，即可应用到对象上。

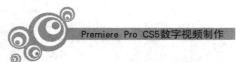

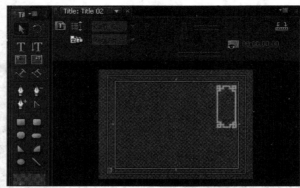

图 5-3　创建图形

在设计面板的上方还有字幕重点面板(Title Main Panel),可以快速地设置字幕的各种属性,如图 5-4 所示。

图 5-4　字幕重点面板 (Title Main Panel)

另外还有以下一些常用功能按钮。

基于当前字幕创建字幕:单击此按钮可基于当前字幕创建一个新的字幕文件。

滚动/行进选项:单击此按钮可打开滚动/游动选项(Roll/Crawl Option)对话框,设置滚动字幕的各种参数和选项。

模板:单击此按钮可打开模板(Templates)对话框,选择一种模板的样式,利用模板创建字幕。

显示背景视频:单击此按钮,可以在字幕设计面板中显示编辑线所在位置的画面作为参照,对字幕的位置、颜色精确调整。调整按钮旁边的时码,可显示该时间中的画面。

在字幕设计面板的工作区内,还有动作与字幕的安全区。外层的白线框是动作安全区,内层的白线框是字幕安全区,它为字幕提供参照,所有的字幕应该放在安全区内。

要显示/隐藏安全区,可选择菜单下的字幕(Title)→查看(View)→字幕安全框(Safe Title Margin)命令,或在面板工作区直接单击鼠标右键,在快捷菜单中设置,如图 5-5 所示。

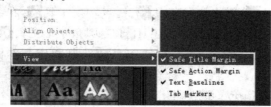

图 5-5　显示／隐藏安全区的设置

2) 字幕的编辑和设置

（1）改变字体属性

在字体（Font）下拉列表中，显示出所有在系统中安装的字体，可以在其中选择需要的字体使用。实际上，在选择文本工具或对象的时候，也可以使用右键菜单中的字体（Font）命令，在弹出的对话框中浏览字体，以方便使用。

当文本创建完成后，可以调整它们的参数改变属性，还可用鼠标拖动的方法直接改变文本尺寸和方向等属性。

① 将鼠标移到文本区边角，按住鼠标左键并拖动，产生放大或缩小的变化。

② 将鼠标移至文本区一个角的外边缘，拖动鼠标旋转文本。

（2）设置字幕风格

所谓风格（Styles）就是通过一系列自定义的字幕或图形属性设置，对字幕或图形填充颜色、描边、辉光、添加阴影，使之产生丰富的视觉效果。

① 填充设置。

在 Fill 参数栏中，可以使用颜色或纹理来填充对象。

- 填充模式：在填充类型（Fill Type）下拉列表中，有 7 种填充类型，如图 5-6 所示。
- 纹理：除了指定不同的填充模式外，还可以为对象填充一个纹理（Texture）。要为对象应用纹理，首先要确定填充模式不能为消除（Eliminate）和残像（Ghost）。

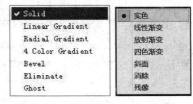

图 5-6 填充类型

- 光泽：可以为对象添加光晕，产生金属的迷人光泽。

② 描边设置。

在 Stroke 参数栏中，可以为对象设置一个描边效果。Premiere Pro 提供了两种描边形式，用户可以使用内描边（Inner Stroke）或外描边（Outer Stroke），或两者一起使用。

要应用描边效果，首先单击添加（Add）参数，添加需要的秒表效果。然后在类型（Type）下拉列表中选择描边模式。

③ 投影设置。

激活阴影（Shadow）参数栏，可以为对象设置一个投影。

（3）保存和应用预制的风格化效果

当为一个对象设置了效果后，可以保存风格化效果。首先选择完成设置的对象，然后在字幕样式（Title Styles）栏空白处右击，在快捷菜单中选择新建样式（New Style），弹出新建样式（New Style）对话框，如图 5-7 所示。在名称（Name）文本框中输入自定义的效果名称，单击确定（OK）按钮，如图 5-8 所示。

图 5-7 样式（Styles）的快捷菜单

图 5-8 新建样式对话框

保存的自定义风格化效果会出现在字幕样式栏中。Premiere Pro 的字幕样式栏中提供了大量预制的风格化效果。如果要为一个对象应用预制的风格化效果,只需要选择该对象,然后单击要应用的效果即可。

5.1.3 任务实施

【操作思路】

输入文字,设置字体、字号等属性,设置填充、描边、阴影等风格。

【步骤详解】

(1) 新建项目、导入背景素材"背景图.jpg"并拖放到视频 1(Video1)轨道上。

(2) 新建字幕文件。

① 在项目窗口中单击鼠标右键,选择命令新建分项→字幕(New Item→Title),在弹出的新建字幕(New Title)对话框中,输入名称(或保持默认名称不变),单击"确定"按钮,如图 5-9 所示。

② 在字幕设计面板中选择▊(文字工具),在窗口中分别输入文字"生活如此多娇"和"Life is so charming",如图 5-10 所示。

提示:

输入中文时,可能显示乱码,只要在字体(Font Family)下拉列表中选择一款中文字体即可。

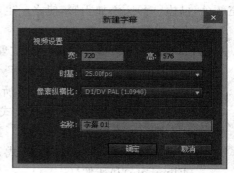

图 5-9 新建字幕 (New Title) 对话框

图 5-10 输入文字

(3) 设置文字属性。

① 用▊(选择工具)选取文字"生活如此多娇",设置文字字体、字号。

方法一:在字幕重点面板(Title Main Panel)中打开字体浏览器(Font Browser)下拉

列表,选择隶书(LiSu),在中调节文字大小,如图 5-11 所示。

图 5-11 设置字号

方法二：在字幕属性(Title Properties)栏中展开属性(Properties)设置,在字体下拉列表中选择 LiSu(隶书),在字体大小中调节文字大小,如图 5-12 所示。

图 5-12 设置字体和字号

② 用 ■(选择工具)选取文字"Life is so charming",设置文字字体、字号,如图 5-13 所示。

图 5-13 设置字体和字号

③ 单击 ■(显示背景视频)按钮,调整按钮旁边的时码到 00:00:00:00 左右,在字幕设计面板中显示编辑线所在位置的画面作为参照,对字幕的位置、大小再次调整。

(4) 设置文字风格。

① 选取文字"生活如此多娇",展开填充(Fill)参数栏,设置填充类型为实色(Solid);单击颜色(Color)右侧的小色块,如图 5-14 所示。

图 5-14 设置填充 (Fill)

在弹出的颜色拾取(Color Picker)对话框中将颜色设置为♯0CF669,然后单击"确定"按钮,如图 5-15 所示。

图 5-15 设置颜色

111

② 设置光泽(Sheen)：颜色为♯AAE98C,其他参数设置如图 5-16 所示。

③ 设置描边(Strokes)：内侧边(Inner Strokes)为深度(Depth)类型,深度大小为 18,角度为 0°,填充从黄绿到深绿的线性渐变；外侧边(Outer Strokes)为凸出(Edge)类型,边界大小为 30,填充颜色为♯4B9F3E 的纯色,如图 5-17 所示。

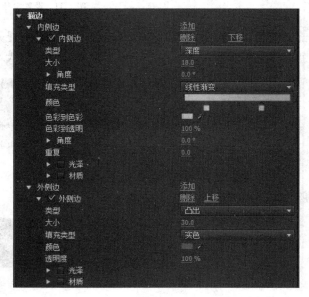

图 5-16　设置光泽 (Sheen)

图 5-17　设置描边 (Strokes)

④ 设置阴影(Shadow),各项参数设置如图 5-18 所示。

⑤ 选取文字"Life is so charming",设置填充颜色为♯84EB3F 的纯色,如图 5-19 所示。

图 5-18　设置阴影 (Shadow)

图 5-19　设置填充 (Fill)

（5）直接关闭字幕设计窗口,新建的字幕文件自动保存到项目窗口中,如图 5-20 所示。

（6）叠合视频。确定时间线面板中编辑线所在位置为 00：00：00：00,将字幕文件"字幕 01"拖放到视频 2 (Video2)轨道上即可。

（7）渲染、预览效果,存储作品。

① 按回车(Enter)键渲染、预览效果；

② 选择文件(File)→保存(Save)命令,保存制作的文件。

图 5-20　项目窗口

5.2　任务 2　建立滚动字幕

5.2.1　任务说明

在字幕编辑面板中,利用滚动(Roll)或游动(Crawl)功能,创建一个滚动的字幕文件。

5.2.2　预备知识

在 Premiere 中可以建立滚动字幕,根据运动方向的不同可分为两种:垂直运动的字幕为滚动(Roll),水平滚动的字幕为游动(Crawl)。

建立滚动字幕的方法如下。

(1) 打开菜单字幕(Title)→新建字幕(New Title),出现下拉菜单选项,选择默认滚动字幕(Default Roll)或默认游动字幕(Default Crawl)命令,如图 5-21 所示。

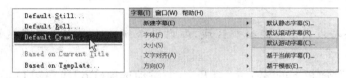

图 5-21　新建字幕的下拉菜单

还可以先在项目窗口中新建字幕打开字幕设计面板,再选择菜单字幕(Title)中的滚动/游动选项(Roll/Crawl Options)命令或单击字幕面板上的 ■ 按钮,打开滚动/游动选项(Roll/Crawl Options)对话框,如图 5-22 所示。

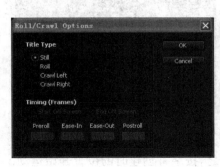
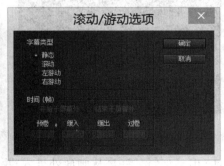

图 5-22　建立滚动字幕对话框

从字幕类型(Title Type)选项中选择滚动(Roll)或左移动(Crawl Left)或右移动(Crawl Right),单击确定(OK)按钮。

提示:

新建了滚动字幕后,会根据字幕类型在字幕设计工作区出现水平或垂直滚动条,如图 5-23 所示。

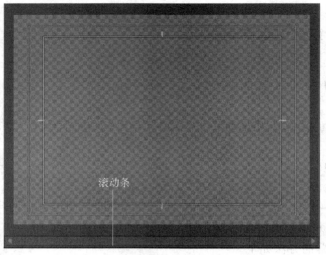

图 5-23　字幕设计工作区

（2）选择创建文本或图形工具，在工作区输入字幕内容。

提示：

一定要将字符或图形布满绘制区域，即内容必须高于或宽于滚屏区域，否则看不到字幕滚动效果。

（3）单击字幕面板上的■按钮，打开滚动/游动选项（Roll/Crawl Options）对话框，在对话框中设定运动速度。滚屏字幕的滚动速度由该字幕文件的持续时间和滚屏设置中的时间设置决定，如图 5-24 所示。

图 5-24　滚动字幕对话框

Start Off Screen：字幕从画面外进入；反之，按字幕创建时的位置开始运动。

End Off Sereen：结束时字幕移出画面；反之，按字幕创建时的位置保持在画面中。

Preroll：字幕开始运动前保持第一帧的静止帧数。

Postroll：字幕滚动结束时，保留最后一帧的静帧长度。

Ease-In：设定滚动字幕开始时由静止到正常运动的帧数，起到缓冲作用，平滑运动效果。

Ease-Out：设定滚动字幕在结束时，由运动到静止状态的帧数。

（4）单击 OK 按钮即可存储字幕文件退出，文件自动导入项目窗口中。

5.2.3　任务实施

【操作思路】

选择字幕移动方式，输入文字，设置滚动开始和结束的位置、滚动速度。

【步骤详解】

(1) 新建项目、导入背景素材“图书馆.avi”并拖放到视频1(Video1)轨道上。

(2) 新建字幕文件。

① 在项目窗口中单击鼠标右键，选择命令 New Item→字幕(Title)，在弹出的新建字幕(New Title)对话框中，输入名称(或保持默认名称不变)，单击 OK (确定)按钮，打开字幕设计面板。

② 单击字幕面板上的按钮，打开滚动/游动选项对话框，选择向左滚动(Crawl Left)，单击 OK 按钮。

③ 在字幕设计面板中选择T(文字工具)，设置字体为隶书、大小为27，在窗口中输入以下文字：“图书馆是搜集、整理、收藏图书资料以供人阅览、参考的机构，是我们学习知识的天堂地方。”字幕窗口将产生的效果如图5-25所示。

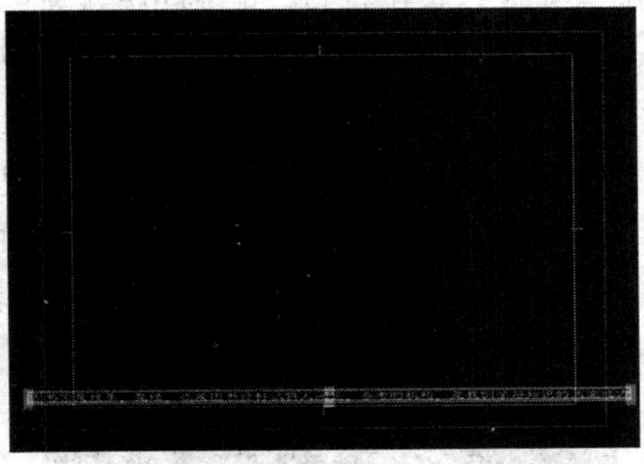

图 5-25　输入文字

④ 改变文字位置：拖动状态条到文字起始处，因为音频解说声出现晚，将文字拖移在窗口右下侧的安全区外。

(3) 设置滚动开始和结束的位置、滚动速度。

单击字幕面板上的按钮，打开滚动/游动选项对话框，选择“开始于屏幕外”、“结束于屏幕外”，产生结束时字幕移出画面的效果。

(4) 叠合视频。将字幕文件“字幕 01”拖放到视频2(Video2)轨道上，拖动结尾处与视频1对齐即可。

(5) 渲染、预览效果，存储作品。

① 按回车(Enter)键渲染、预览效果；

② 选择文件(File)→保存(Save)命令，保存制作的文件。

5.3　任务3　创建动态效果的字幕

5.3.1　任务说明

运用“基于当前字幕新建”功能，将已有的静态字幕文件制作成动态效果字幕。

5.3.2　任务实施

【操作思路】

运用"基于当前字幕新建"功能,将已有的静态字幕中的对象分解到不同字幕文件中,再制作关键帧动画,展示不同对象的运动效果。

【步骤详解】

1. 设置项目导入素材

(1)新建项目,完成项目设置,进入 Premiere Pro CS5.5。

(2)双击项目(Project)窗口,打开导入(Import)对话框,导入"节目预告"字幕素材,如图 5-26 所示。

图 5-26　导入素材

2. 基于当前字幕新建字幕

(1)展开"节目预告"字幕面板,单击字幕对话框中■(基于当前字幕新建)按钮,弹出"新建字幕"对话框,选择 25 帧/秒,将字幕命名为"字幕 01",单击"确定"按钮;按住 Shift 键,使用选择工具选择所有的图形,只保留最下面的矩形,按 Delete 键,将其他的都删除掉,如图 5-27 所示。

(2)使用同样的方法,打开"节目预告"字幕,单击字幕对话框中■(基于当前字幕新建)按钮,弹出"新建字幕"对话框,选择 25 帧/秒,将字幕命名为"字幕 02",单击"确定"按钮;按住 Shift 键,使用选择工具选择所有的图形,只保留右边的三角形,按 Delete 键,将其他的都删除掉,如图 5-28 所示。

图 5-27　字幕 01 效果

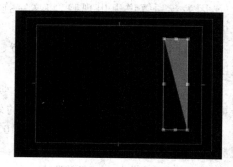

图 5-28　字幕 02 效果

(3)同理,打开"节目预告"字幕,单击字幕对话框中■(基于当前字幕新建)按钮,弹出"新建字幕"对话框,选择 25 帧/秒,将字幕命名为"字幕 03",单击"确定"按钮;按住 Shift 键,使用选择工具选择所有的图形,只保留左边的三角形,按 Delete 键,将其他的都删除掉,如图 5-29 所示。

(4)使用同样的方法,打开"节目预告"字幕,单击字幕对话框中■(基于当前字幕新建)按钮,弹出"新建字幕"对话框,选择 25 帧/秒,将字幕命名为"字幕 04",单击"确定"按钮;按住 Shift 键,使用选择工具选择所有的图形,只保留最上面的 6 个形状,按 Delete 键,将其他的都删除掉,如图 5-30 所示。

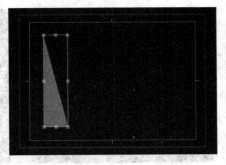

图 5-29　字幕 03 效果

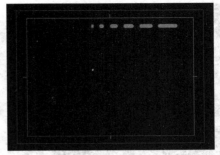

图 5-30　字幕 04 效果

（5）使用同样的方法，打开"节目预告"字幕，单击字幕对话框中按钮，弹出"新建字幕"对话框，选择 25 帧/秒，将字幕命名为"字幕 05"，单击"确定"按钮。按住 Shift 键，使用选择工具选择所有的图形，只保留节目预告文字和下面的蓝色矩形，按 Delete 键，将其他的都删除掉，如图 5-31 所示。

（6）使用同样的方法，打开"节目预告"字幕，单击字幕对话框中按钮，选择 25 帧/秒，弹出"新建字幕"对话框，将字幕命名为"字幕 06"，单击"确定"按钮。按住 Shift 键，使用选择工具选择所有的图形，只保留 NEXT 文字和下面的三角形，按 Delete 键，将其他的都删除掉，如图 5-32 所示。

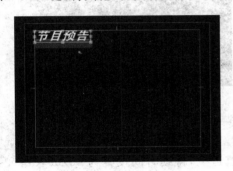

图 5-31　字幕 05 效果

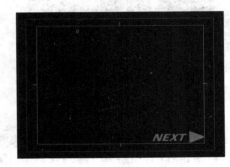

图 5-32　字幕 06 效果

（7）使用同样的方法，打开"节目预告"字幕，单击字幕对话框中按钮，选择 25 帧/秒，弹出"新建字幕"对话框，将字幕命名为"字幕 07"，单击"确定"按钮。按住 Shift 键，使用选择工具选择所有的图形，只保留中间圆圈、数字时间和矩形，按 Delete 键，将其他的都删除掉，如图 5-33 所示。

（8）使用同样的方法，打开"节目预告"字幕，单击字幕对话框中按钮，选择 25 帧/秒，弹出"新建字幕"对话框，将字幕命名为"字幕 08"，单击"确定"按钮。使用选择工具选择所有的图形，只保留中间文字部分，按 Delete 键，将其他的都删除掉，如图 5-34 所示。

3. 制作字幕 01 运动的效果

将制作好的"字幕 1"拖到视频 1（Video1）轨道上，持续时间设置为 00：00：07：00s；选中"字幕 01"，打开特效控制台（Effect Controls）面板，展开不透明度的设置。

图 5-33　字幕 07 效果　　　　　　　　　　　　　　图 5-34　字幕 08 效果

（1）将编辑线定位在 00：00：00：10 处，单击不透明度属性旁边的关键帧开关 ，将其激活为 ，关键帧记录器被打开，右侧的时间线上会出现一个当前位置关键帧，调整在当前帧的不透明度的参数，如图 5-35 所示。

（2）将编辑线定位在 00：00：00：20 处，单击关键帧导航器 中 按钮，添加不透明度属性的关键帧，并调整相应的参数值，制作对象逐渐显现的运动效果，如图 5-36 所示。

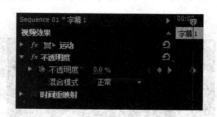

图 5-35　第一个关键帧处的设置　　　　　　　　图 5-36　第二个关键帧处的设置

4. 制作字幕 02 运动的效果

将制作好的"字幕 02"拖到视频 2（Video2）轨道上，持续时间设置为 00：00：07：00s。选中"字幕 02"，打开特效控制台（Effect Controls）面板，展开运动（Motion）设置。

（1）将编辑线定位在 00：00：00：00 处，单击位置（Position）属性旁边的关键帧开关 ，将其激活为 ，关键帧记录器被打开，右侧的时间线上会出现一个当前位置关键帧，调整在当前帧的位置（Position）的参数，如图 5-37 所示。

（2）将编辑线定位在 00：00：00：10 处，单击关键帧导航器 中 按钮，添加位置（Position）属性的关键帧，并调整相应的参数值，制作对象运动的效果，如图 5-38 所示。

5. 制作字幕 03 运动的效果

将制作好的"字幕 03"拖到视频 3（Video3）轨道上，持续时间设置为 00：00：07：00s。选中"字幕 03"，打开特效控制台（Effect Controls）面板，展开运动（Motion）设置。

（1）将编辑线定位在 00：00：00：00 处，单击位置（Position）属性旁边的关键帧开关 ，将其激活为 ，关键帧记录器被打开，右侧的时间线上会出现一个当前位置关键帧，调整在当前帧的位置（Position）的参数，如图 5-39 所示。

图 5-37　第一个关键帧处的设置　　　　　　图 5-38　第二个关键帧处的设置

（2）将编辑线定位在 00:00:00:10 处,单击关键帧导航器 ◀ ❖ ▶ 中 ❖ 按钮,添加位置（Position）属性的关键帧,并调整相应的参数值,制作对象运动的效果,如图 5-40 所示。

图 5-39　第一个关键帧处的设置　　　　　　图 5-40　第二个关键帧处的设置

6. 制作字幕 04 运动的效果

将编辑线定位在 00:00:01:05 处,将制作好的“字幕 04”拖到视频 4（Video4）轨道上,持续时间设置为 00:00:05:20s。选中“字幕 04”,打开特效控制台（Effect Controls）面板,展开运动（Motion）设置。

（1）将编辑线定位在 00:00:01:05 处,单击位置（Position）属性旁边的关键帧开关 ❖ ,将其激活为 ❖ ,关键帧记录器被打开,右侧的时间线上会出现一个当前位置关键帧,调整在当前帧的位置（Position）的参数,如图 5-41 所示。

（2）将编辑线定位在 00:00:02:00 处,单击关键帧导航器 ◀ ❖ ▶ 中 ❖ 按钮,添加位置（Position）属性的关键帧,并调整相应的参数值,制作对象运动的效果,如图 5-42 所示。

7. 制作字幕 05 运动的效果

将编辑线定位在 00:00:02:00 处,将制作好的“字幕 05”拖到视频 5（Video5）轨道上,持续时间设置为 00:00:05:00s。选中“字幕 05”,打开特效控制台（Effect Controls）面板,展开运动（Motion）设置。

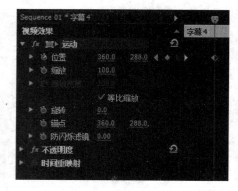

图 5-41　第一个关键帧处的设置　　　　　图 5-42　第二个关键帧处的设置

（1）将编辑线定位在 00：00：02：00 处，单击位置（Position）属性旁边的关键帧开关
，将其激活为 ，关键帧记录器被打开，右侧的时间线上会出现一个当前位置关键帧，
调整在当前帧的位置（Position）的参数，如图 5-43 所示。

（2）将编辑线定位在 00：00：02：20 处，单击关键帧导航器 中 按钮，添加位
置（Position）属性的关键帧，并调整相应的参数值，制作对象运动的效果，如图 5-44
所示。

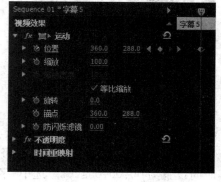

图 5-43　第一个关键帧处的设置　　　　　图 5-44　第二个关键帧处的设置

8. 制作字幕 06 运动的效果

将编辑线定位在 00：00：02：00 处，将制作好的"字幕 06"拖到视频 6（Video6）轨道上，
持续时间设置为 00：00：05：00s。选中"字幕 06"，打开特效控制台（Effect Controls）面板，
展开运动（Motion）设置。

（1）将编辑线定位在 00：00：02：00 处，单击位置（Position）属性旁边的关键帧开关
，将其激活为 ，关键帧记录器被打开，右侧的时间线上会出现一个当前位置关键帧，
调整在当前帧的位置（Position）的参数，如图 5-45 所示。

（2）将编辑线定位在 00：00：02：20 处，单击关键帧导航器 中 按钮，添加位
置（Position）属性的关键帧，并调整相应的参数值，制作对象运动的效果，如图 5-46
所示。

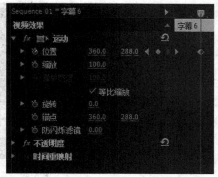

图 5-45　第一个关键帧处的设置　　　　　　　图 5-46　第二个关键帧处的设置

9. 制作字幕 07 运动的效果

（1）将编辑线定位在 00:00:03:20 处,将制作好的"字幕 07"拖到视频 7（Video7）轨道上,持续时间设置为 00:00:03:05s。

（2）将编辑线定位在 00:00:02:20 处,将制作好的"字幕 07"拖到视频 8（Video8）轨道上,持续时间设置为 00:00:01:00s,刚好与轨道 7 中的"字幕 07"连接上。

（3）选中视频轨道 8 上的"字幕 07",打开"效果"面板,单击"视频效果"选项卡下"键控"组中的"4 点无用信号遮罩"效果按钮,将"4 点无用信号遮罩"效果拖到"字幕 07"上。

（4）将编辑线定位在 00:00:02:20 处,分别单击"上左"、"上右"、"下右"、"下左"属性旁边的关键帧开关 ◎,将其激活为 ◎,关键帧记录器被打开,右侧的时间线上会出现一个当前位置关键帧,调整在当前帧的遮罩参数,如图 5-47 所示。

（5）将编辑线定位在 00:00:03:10 处,单击关键帧导航器 ◄ ► 中 ◆ 按钮,添加上左、上右、下右、下左属性的关键帧,并调整相应的参数值,制作对象遮罩的效果,如图 5-48 所示。

图 5-47　第一个关键帧处的设置　　　　　　　图 5-48　第二个关键帧处的设置

10. 制作字幕 08 运动的效果

将编辑线定位在 00:00:03:20 处,将制作好的"字幕 08"拖到视频 8（Video8）轨道上,持续时间设置为 00:00:03:05s。选中"字幕 08",打开"效果"面板,单击"视频切换"选项卡下"擦除"组中的"渐变擦除"效果按钮,将"渐变擦除"效果拖到"字幕 08"上。单击此效果,在效果控制面板中设置效果的参数,如图 5-49 所示。

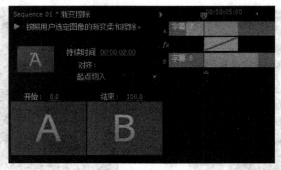

图 5-49　渐变擦除效果的设置

11. 渲染、预览效果，存储作品

（1）按回车（Enter）键渲染、预览效果；

（2）选择文件（File）→保存（Save）命令，保存制作的文件。

5.4　任务 4　字幕模板的应用

5.4.1　任务说明

在字幕编辑面板中，首先利用其提供的模板快速创建一个字幕文件，并利用视频特效"8 点无用信号遮罩"的关键帧动画制作文字的打字效果。

5.4.2　预备知识

Premiere 的字幕中提供了多种模板，这些模板可以帮助用户快速创建字幕。可以从中选择一种符合创作主题的模板，还可以对模板中的个别元素修改后，保存为另一个新模板，方便其他项目使用，大大提高了工作效率。

单击字幕窗口上方的 按钮，或选择字幕→新建字幕→基于模板（Title→New Title→Templates）命令，或按快捷键 Ctrl＋J，都可以弹出模板（Templates）对话框。

在弹出的模板对话框中分门别类地放置了许多预制的模板。展开各项，选择需要使用的模板，在右侧缩略图中可以看到模板的效果，单击确定（OK）按钮即可，如图 5-50 所示。

在字幕设计窗口中，可以修改、删除、增加对象。如要修改文本，可选取工具栏中的 （文本工具），从第一个字母拖曳鼠标到最后一个字母，使对象的所有字母处于选择状态，再输入文字即可，或者再重新设置文字属性，如图 5-51 所示。

利用模板修改后的字幕也可以再设置为模板。单击模板（Templates）按钮 ，打开模板（Templates）对话框，单击对话框右侧的"显示菜单"按钮 ，弹出菜单，如图 5-52 所示。

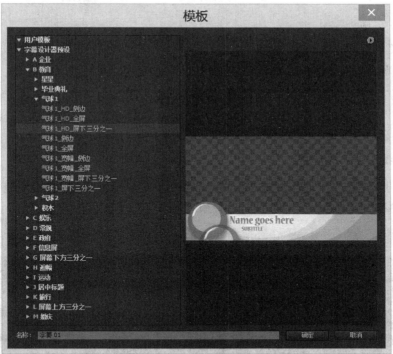

模板
用户模板
字幕设计器预设
A 企业
B 教育
星星
毕业典礼
气球1
气球1_HD_侧边
气球1_HD_全屏
气球1_HD_屏下三分之一
气球1_侧边
气球1_全屏
气球1_宽幅_侧边
气球1_宽幅_全屏
气球1_宽幅_屏下三分之一
气球1_屏下三分之一
气球2
积木
C 娱乐
D 常规
E 政府
F 信息屏
G 屏幕下方三分之一
H 遮幅
I 运动
J 居中标题
K 旅行
L 屏幕上方三分之一
M 婚庆
Name goes here
SUBTITLE
名称：
字幕 01
确定
取消

图 5-50 “模板”对话框

数字视频编辑基础

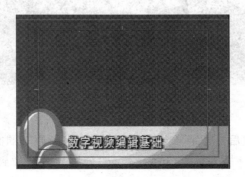

图 5-51 修改模板

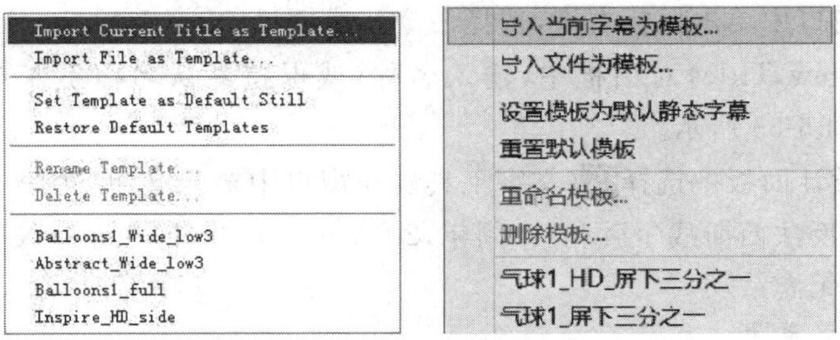

Import Current Title as Template...
Import File as Template...
Set Template as Default Still
Restore Default Templates
Rename Template...
Delete Template...
Balloons1_Wide_low3
Abstract_Wide_low3
Balloons1_full
Inspire_HD_side
导入当前字幕为模板...
导入文件为模板...
设置模板为默认静态字幕
重置默认模板
重命名模板...
删除模板...
气球1_HD_屏下三分之一
气球1_屏下三分之一

图 5-52 模板对话框的菜单

5.4.3 任务实施

【操作思路】

"基于模板"快速创建一个字幕文件,并修改,插入图片等素材,制作成背景字幕。再新建字幕输入文本,然后利用视频特效"8点无用信号遮罩"的关键帧动画制作文字的打字效果。

【步骤详解】

(1)新建项目,选择字幕→基于模板(Title→Templates)命令,或按快捷键 Ctrl+J,都可以弹出模板(Templates)对话框,选择模板,如图 5-53 所示。

图 5-53 选择模板

(2)单击"确定"按钮后打开字幕窗口,修改模板,去掉原有的文字框,利用菜单命令字幕(Title)→标志(Logo)→插入标志(Insert Logo)分别导入图像到字幕窗口中,如图 5-54 所示。

(3)新建字幕文件。

① 在项目窗口中单击鼠标右键,选择命令新建项目(New Item)→字幕(Title),在弹出的新建字幕(New Title)对话框中,输入名称(或保持默认名称不变),单击 OK (确定)按钮,如图 5-55 所示。

② 在字幕设计面板中选择■(文字工具),在窗口中输入文字"为隆重纪念中国人民抗日战争暨世界反法西斯战争胜利 70 周年,2015 年 9 月 3 日,在北京长安街举行盛大的阅兵式以及各种纪念活动。"

(4)设置文字属性。

用■(选择工具)选取文字部分,设置文字字体、字号。

方法一:在字幕重点面板(Title Main Panel)中打开字体浏览器(Font Browser)下拉

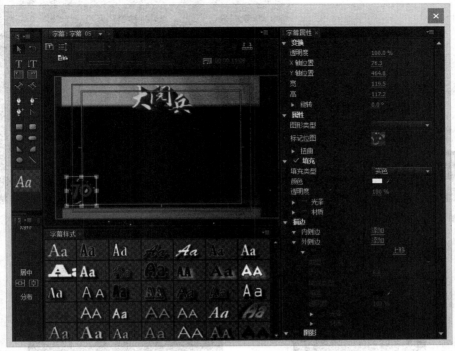

图 5-54　修改模板

列表,选择 FZDaHei-B02S(方正大黑简体),在 🆃 中调节文字大小,如图 5-56 所示。

图 5-55　新建字幕（New Title）对话框

图 5-56　设置字号

方法二:在字幕属性(Title Properties)栏中展开属性(Properties)设置,在字体下拉列表中选择 FZDaHei-B02S(方正大黑简体),在字体大小中调节文字大小,如图 5-57所示。

(5) 设置文字风格。

① 选取文字部分,展开填充(Fill)参数栏,设置填充类型为实色(Solid);单击颜色(Color)右侧的小色块,在弹出的颜色拾取(Color Picker)对话框中将颜色设置为♯FFFFFF,然后单击 OK 按钮,如图 5-58 所示。

② 设置阴影(Shadow),各项参数设置如图 5-59 所示。

(6) 直接关闭字幕设计窗口,新建的字幕文件自动保存到项目窗口中。将制作好的两个字幕分别拖放到轨道上,尾部对齐,效果如图 5-60 所示。

125

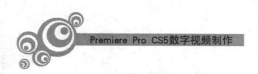

图 5-58 设置颜色

图 5-57 设置字体和字号

图 5-59 设置阴影（Shadow）

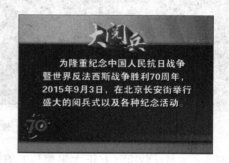
图 5-60 字幕叠合效果

（7）制作字幕文字逐个出现的效果。

① 选择"字幕01"文件，打开效果（Effect）面板，选择"视频特效-键控-8点无用信号遮罩"效果，将"8点无用信号遮罩"效果拖到"字幕01"上，设置效果的参数属性。

② 将编辑线定位在 00:00:00:00 处，分别单击"右上顶点"、"右中切点"、"下右顶点"和"下中切点"属性旁边的关键帧开关，将其激活为，关键帧记录器被打开，右侧的时间线上会出现一个当前位置关键帧，调整这几个当前帧的参数，如图 5-61 所示。

③ 将编辑线定位在 00:00:02:24 处，单击关键帧导航器中按钮，添加"右中切点"和"下右顶点"属性的关键帧，并调整相应参数值，制作对象遮罩的效果，如图 5-62 所示。

图 5-61 第一个关键帧处的设置

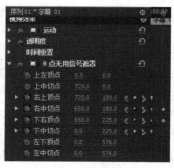
图 5-62 第二个关键帧处的设置

④ 将编辑线定位在 00：00：03：00 处，单击关键帧导航器 中 按钮，添加"右上顶点"、"右中切点"、"下右顶点"和"下中切点"4 个属性的关键帧，并调整相应参数值，制作对象遮罩的效果，如图 5-63 所示。

⑤ 将编辑线定位在 00：00：05：24 处，单击关键帧导航器 中 按钮，添加"右中切点"和"下右顶点"属性的关键帧，并调整相应参数值，制作对象逐个出现的效果，如图 5-64 所示。

图 5-63 第三个关键帧处的设置

图 5-64 第四个关键帧处的设置

⑥ 将编辑线定位在 00：00：06：00 处，单击关键帧导航器 中 按钮，添加"右上顶点"、"右中切点"、"下右顶点"和"下中切点"属性的关键帧，并调整相应参数值，制作对象遮罩的效果，如图 5-65 所示。

⑦ 将编辑线定位在 00：00：08：24 处，单击关键帧导航器 中 按钮，添加"右中切点"和"下右顶点"属性的关键帧，并调整相应参数值，制作对象运动的效果，如图 5-66 所示。

图 5-65 第五个关键帧处的设置

图 5-66 第六个关键帧处的设置

⑧ 将编辑线定位在 00：00：09：00 处，单击关键帧导航器 中 按钮，添加"右上顶点"、"右中切点"、"下右顶点"和"下中切点"属性的关键帧，并调整相应参数值，制作对

象遮罩的效果,如图 5-67 所示。

⑨ 将编辑线定位在 00:00:11:24 处,单击关键帧导航器 中 按钮,添加"右中切点"和"下右顶点"属性的关键帧,并调整相应参数值,制作对象被遮罩的效果,如图 5-68 所示。

图 5-67　第七个关键帧处的设置

图 5-68　第八个关键帧处的设置

(8) 渲染、预览效果,存储作品。

① 按回车(Enter)键渲染、预览效果;

② 选择文件(File)→保存(Save)命令,保存制作的文件。

项目总结

在 Premiere 字幕编辑面板中,应用字幕工具及预置的模板、滚动/游动选项(Roll/ Crawl Options)命令,可以制作出不同风格的字幕文件,可以输入文字,也可以绘制图形; 可以是静态的,也可以是滚动的效果。将静态的字幕文件配置到时间线上以后,如果结合视频特效、动画应用功能,更能制作出强大的、表现力丰富的效果。

课后操作

利用字幕模板,设计某个主题的片头字幕和片尾字幕,并且要有运动效果。

项目 6　影片的配音与声音特效

项目导读

在影视作品中,音频和视频具有同样重要的地位。无论是同期配音还是后期的效果、伴乐都是一部影片不可或缺的,它们与影像、字幕有机地结合在一起,共同承载着制作者所要表现的客观信息和所要表达的思想、感情。因此,音频剪辑制作是影视制作的一个关键步骤。音频剪辑制作主要是完成音频素材的剪辑、排列、添加效果和多轨混音。一段优秀的音频剪辑可以创造画面所不能充分表现的空间,音频质量的好坏直接影响到作品的质量。

知识与学习目标

技能方面:
(1) 掌握音频的基本操作方法、编辑音频的方法;
(2) 掌握应用音频特效,应用音频转场效果。

理论方面:
(1) 了解非线性编辑软件中的音频效果;
(2) 掌握常见的音频文件格式。

6.1　任务 1　加入背景音乐

6.1.1　任务说明

使用时间线窗口进行音频编辑,选取音乐文件中的某个片段,添加到音频轨道上,与视频轨道上的视频叠合,从而实现播放视频时,出现背景音乐的效果。

6.1.2　预备知识

1. 输入音频

在 Premiere Pro CS5 中,输入音频同输入视频的方法相同,快捷的方法如下。

(1) 在项目(Project)管理器里双击打开导入(Import)对话框,选择要导入的音频文件,例如 wav 和 mp3 等文件格式的音频文件,使导入的音频出现在项目(Project)窗口中。

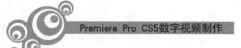

（2）单击将音频文件拖曳到时间线上的音频轨道上，就完成了音频素材的输入。

（3）默认设置下，音频轨道面板卷展栏关闭。单击 Collapse-Expand Track 卷展控制按钮█，使其变为█，展开轨道。

2. 使用时间线窗口进行音频编辑

时间线窗口中每个音频轨道上都能调节音频。在 Premiere 中，对音频的调节分为素材（Clip）调节和轨道（Track）调节。对素材（Clip）调节时，音频的改变仅对当前的音频素材有效，删除素材后，调节效果就消失了。而轨道（Track）调节，仅针对当前音频轨道进行调节，所有在当前音频轨道上的音频素材都会在调节范围内受到影响。在音频轨道控制面板左侧单击显示关键帧按钮█，可在弹出的快捷菜单中选择音频轨道的显示内容，如图 6-1 所示。

图 6-1　音频轨道的显示方式

选择显示素材音量（Show Clip Volume）或显示轨道音量（Show Track Volume），可以分别调节素材或者轨道的音量。

在"工具"面板上选取█（钢笔工具），使用该工具拖动音频素材（或轨道）上的黄线，即可调整音量。

3. 调节素材增益

可以调节整个音频素材的增益，同时保持为素材调制的电平稳定不变。

素材增益的调节步骤如下。

（1）在时间线上选择素材（或用范围选择工具圈定区域）。

（2）选择素材（Clip）→音频选项（Audio Options）→音频增益（Audio Gain）命令；或者右击所选择的素材，从快捷菜单中选择音频增益（Audio Gain）命令，弹出音频增益（Audio Gain）设置对话框，如图 6-2 所示。

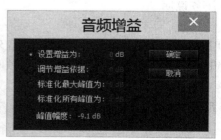

图 6-2　音频增益（Audio Gain）对话框

（3）0dB 表示素材原始增益，手动调节增益，单击确定（OK）按钮。

6.1.3 任务实施

【**操作思路**】

导入音频,用剃刀工具在音频轨道上进行切割,并在轨道音量显示模式下增加关键帧,设置音频的淡出效果。

【**步骤详解**】

1. 设置项目输入素材

(1) 新建项目,完成项目设置,进入 Premiere Pro CS5.5。

(2) 双击项目(Project)窗口,打开导入(Import)对话框,导入素材,如图 6-3 所示。

(3) 在项目(Project)窗口中,单击底部的图标视图按钮 ,使素材以缩略图的形式显示。可观察到导入素材的时间长度的区别,如图 6-4 所示。

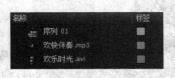

图 6-3　导入素材

图 6-4　项目窗口的显示方式

(4) 将"欢乐时光.avi"文件拖入视频 1(Video1)轨道上。

2. 加入背景音乐

如果原始的音频素材时间比视频素材的长,可以从音频素材中选择一段旋律作为视频素材的背景音乐。方法如下。

(1) 在项目(Project)窗口中双击音频素材文件"欢乐伴奏.mp3",激活素材监视器窗口,观察到在素材监视器窗口中出现了声音的波形线条,如图 6-5 所示。

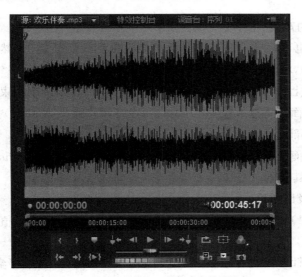

图 6-5　素材监视器窗口中的声音波形线条

Premiere Pro CS5数字视频制作

（2）在素材监视器窗口中，可以单击"播放"按钮监听音乐。

（3）在00:00:00:21处，单击设置入点按钮，设置选取片段的开始点。

提示：

因为要选取的音频片段是整个素材的后半段，即从入点到音频自然结束处，所以可以不用设置出点。如果是截取素材中间的某一段，除了设置入点外，还需用按钮设置出点，以确定片段的结束点。

（4）在时间线上，将播放指针指向视频开始处。

（5）在素材监视器窗口中，将鼠标指向选取的音频片段，变成手形指针时，将素材拖曳到音频轨道1（Audio1）中，如图6-6所示。

图6-6　将选取的音频片段拖曳到音频轨道中

3．删除多余的声段

制作节目时，也可将导入的音频素材直接拖曳到音频轨道上，然后使用"工具"面板上的（剃刀工具），将素材切割后再组接或删除多余的片段。

（1）在时间线上，将播放指针指向00:00:27:07，即音乐刚刚结束处。

（2）在"工具"面板上选取（剃刀工具），在音频轨道1（Audio1）指针处单击，即可将音频素材切割为两部分。

（3）在"工具"面板上选取（选择工具），单击音频轨道1（Audio1）上的多余音频部分，按Delete键将其删除。

4．设置音频淡出效果

音频1（Audio1）轨道上的"变奏曲.mp3"在结尾处可改变分贝值，设置成淡出效果，以寓意作品的结束。方法如下。

（1）将播放指针指向视音频结尾处00:00:38:00，选择"欢乐伴奏.mp3"，单击折叠-展开轨道按钮展开音频轨道1（Audio1）面板。

132

（2）单击显示关键帧按钮 ，在弹出的快捷菜单中选择"显示轨道音量"命令，如图 6-7 所示。

（3）单击增加/移除关键帧按钮 添加关键帧，激活关键帧记录器。

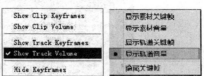

（4）将播放指针指向视音频结尾处 00：00：38：08，单击增加/移除关键帧按钮添加第二个关键帧。

图 6-7　设置音频轨道显示方式

（5）向下拖动第二个关键帧，使分贝值最小，如图 6-8 所示。

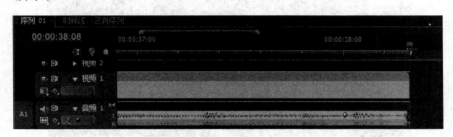

图 6-8　设置音频在结束处的淡出效果

5. 预览效果并保存文件

单击节目监视器窗口中的"播放"按钮 或按回车（Enter）键预览效果，然后保存文件。

6.2　任务 2　为影片录制配音

6.2.1　任务说明

结合视频画面镜头，为一段视频录制现场解说，进行剪辑及音量或增益调节，加入背景音乐，使作品衔接自然。

6.2.2　预备知识

Premiere Pro CS5 具有强大的音频处理能力。通过使用调音台（Audio Mixer）工具，可以以专业调音台的工作方式来控制声音。在调音台中可以选择相应的音频控制器调节其在时间线窗口对应轨道的音频对象，可以实时混合时间线窗口中各轨道的音频对象。

1. 认识调音台

选择菜单命令窗口（Windows）中的调音台（Audio Mixer）命令，打开调音台窗口。调音台实质是一个虚拟调音台，由若干个轨道音频控制器、主音频控制器和播放控制器组成。轨道音频控制器用于调节与其相对应轨道上的音频对象，控制器 1 对应 Audio1，控制器 2 对应 Audio2，以此类推，其数目由时间线窗口中的音频轨道数目决定，如图 6-9 所示。

图 6-9 调音台（Audio Mixer）面板

1）轨道音频控制器

每个轨道音频控制器由控制按钮、声道调节滑轮及音量调节滑杆组成。

（1）控制按钮，可以控制音频调节时的调节状态。

① 选中静音（Mute Track）按钮 ![]：将轨道音频设置为静音状态。

② 选中独奏（Solo Track）按钮 ![]：将其他未选中独奏按钮的轨道音频自动设置为静音状态。

③ 激活录音（Enable Track for Recording）按钮 ![]：利用输入设备，将声音录制到目标轨道上。

（2）声道调节滑轮，如果对象为双声道音频，可以使用声道调节滑轮调节播放声道。向左拖动滑轮，使输出到左声道（L）的声音增大；向右拖动滑轮，使输出到右声道（R）的声音增大，如图 6-10 所示。

（3）音量调节滑杆，通过音量调节滑杆控制当前轨道音频对象的音量。向上拖动滑杆，增加音量；向下拖动滑杆，降低音量。音量以分贝的数值显示。也可以直接在数据栏中输入声音分贝值。

播放音频时，左侧的音量表会显示音频播放时的大小。音量表顶部的小方块表示系统所能处理的音量极限。当方块显示为红色时，表示该音频音量超过界限，音量过大，如图 6-11 所示。

2）主音频控制器

使用主音频控制器可以调节时间线窗口中所有轨道上的音频对象。其使用方法与轨道音频控制器相同，如图 6-12 所示。

图 6-10　声道调节　　　　　图 6-11　音量调节　　　　　图 6-12　主音频控制器

3）音频控制播放器

音频控制播放器用于音频播放，其使用方法与监视器窗口中的播放控制栏相同，如图 6-13 所示。

2. 使用调音台调节音频电平

使用调音台调节音量非常方便，用户可以在播放音频时实时进行音量调节。操作步骤如下。

（1）首先在需要进行调节的轨道音频控制器上单击只读（Read）下拉列表框，如图 6-14 所示。

图 6-13　音频控制播放器　　　　　图 6-14　模式选择列表

① 关闭（Off）方式：系统会忽略当前音频轨道上的调节，仅按照默认的设置播放。

② 只读（Read）方式：系统会读取当前音频轨道上的调节效果，但是不能记录音频调节过程。

③ 锁存（Latch）方式：可以实时记录音频调节。当使用自动书写功能实时播放记录调节数据时，每调节一次，下一次调节时调节滑块在上一次调节后位置，单击"停止"按钮停止播放音频后，当前调节滑块会自动转为音频对象到进行当前编辑前的参数值。

④ 触动（Touch）方式：可以实时记录音频调节。当使用自动书写功能实时播放记录调节数据时，每调节一次，下一次调节时调节滑块初始位置会自动转为音频对象到进行当前编辑前的参数值。

⑤ 写入（Write）方式：可以实时记录音频调节。当使用自动书写功能实时播放记录调节数据时，每调节一次，下一次调节时调节滑块在上一次调节后位置。

（2）在调音台中激活需要调节轨道自动记录状态，一般选择写入（Write）方式。

（3）单击音频控制播放器中的"播放"按钮 ，时间线窗口中的音频素材开始播放，拖动音量滑杆进行实时调节。

（4）调节完毕，单击"停止"按钮，系统自动记录调节效果，如图 6-15 所示。

图 6-15　系统自动记录调节效果

3. 录音

Premiere 的调音台还提供了录音功能，可以直接在计算机上完成解说或者配乐的工作。

要使用录音功能，首先必须保证计算机的音频输入装置被正确连接。可以使用 MIC 或者其他 MIDI 设备在 Premiere Pro 中录音，录制的声音会成为音频轨道上的一个音频素材。还可以将这个音频素材输出保存为一个兼容的音频文件格式。操作步骤如下。

（1）在调音台（Audio Mixer）中单击激活录制轨（Enable Track for Recording）按钮■；

（2）激活录音装置后，上方会出现音频输入的设备，选择输入音频的设备；

（3）单击窗口下方的"录制"按钮■，开始录音；

（4）单击"播放"按钮■，进行解说或演奏；

（5）单击"停止"按钮，停止录制，当前音频轨道上会出现刚才录制的声音。

4. 添加音频转场

音频转场常见的有两种：恒定功率（Constant Power）和恒定增益（Constant Gain）。默认转场方式是恒定功率（Constant Power），是将两段素材的淡化线按照抛物线方式进行交叉。恒定增益（Constant Gain）则淡化线性交叉。一般认为恒定功率（Constant Power）转场更符合人耳的听觉规律，恒定增益（Constant Gain）则缺乏变化，显得机械，如图 6-16 和图 6-17 所示。

图 6-16　恒定功率转场

图 6-17　恒定增益转场

6.2.3　任务实施

【操作思路】

利用调音台（Audio Mixer）录制解说并剪辑、配乐。

【步骤详解】

1. 设置项目输入素材

（1）新建项目，完成项目设置，进入 Premiere Pro CS5.5。

（2）双击项目（Project）窗口，打开导入（Import）对话框，导入素材"录音前.avi"。

（3）将"录音前.avi"文件拖入视频1（Video1）轨道上。

2．录制现场解说

（1）打开调音台（Audio Mixer）面板。

（2）单击"音频2"对应的轨道音频控制器中的激活录音（Enable Track for Recording）按钮，选择录音装置，如图6-18所示。

（3）单击窗口下方的录制按钮，激活录音。

（4）单击"播放"按钮，进行解说。

（5）单击"停止"按钮，停止录制。当前的音频2轨道上会出现刚才录制的声音。

3．对解说配音进行编辑

（1）选择"音频2"轨道上的解说音频文件，右击，从快捷菜单中选择"音频增益"命令，调节音频增益到15dB。

（2）选取工具栏中的（剃刀工具），删除多余音频。

图6-18 激活录音装置

4．调节音频增益

加入背景音乐片段，分别调整音频轨道上的音频音量。

（1）在时间线上按住Shift键，选择各段"解说.mp3"，右击，从快捷菜单中选择"音频增益"命令，弹出音频增益设置对话框，增加增益到5dB，如图6-19所示。

（2）在时间线上按住Shift键，选择两段"欢乐伴奏.MP3"，右击，从快捷菜单中选择"音频增益"命令，将增益减少到-10dB。

提示：

也可以使用调音台调节两个音频轨道中的素材音量大小，使解说声突出，弱化背景音乐。

5．设置"欢乐伴奏.MP3"的淡出效果

（1）在时间线上单击折叠-展开轨道按钮，展开音频2（Audio2）音频轨道控制面板，如图6-20所示。

图6-19 音频增益（Audio Gain）设置

图6-20 展开音频轨道控制面板

（2）单击添加/移除关键帧按钮，在弹出的快捷菜单中选择"显示轨道音量"命令，激活关键帧记录器，如图6-21和图6-22所示。

图 6-21 设置音频轨道显示方式　　　　　　图 6-22 音频轨道显示方式

（3）将播放指针指向 00：01：06：22，即"解说．mp3"刚刚结束处，在音频 2（Audio2）中单击 Add-Remove Keyframe 按钮 ，设置第一个关键帧；在 00：01：08：03 音频结束处，设置第二个关键帧。

（4）拖动第二个关键帧处的 dB 到最小，实现淡出的效果，如图 6-23 所示。

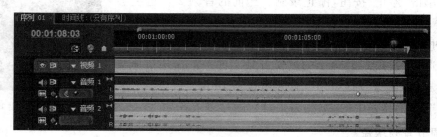

图 6-23 设置淡出效果

6. 预览效果并保存文件

单击节目监视器窗口中的"播放"按钮 ▶ 或按回车（Enter）键预览效果，然后保存文件。

6.3　任务 3　制作音频特效

6.3.1　任务说明

在调音台中，为音频添加混响（Reverb）音效，增加环境感和音质的"温暖感"。

6.3.2　预备知识

在非线性编辑软件中的音频效果处理概括如下。

（1）音量（Volume）：软件处理音量大小一般有三种常见方式，一是旋钮百分比；二是增减分贝（dB）数值，三是在保证不出现削波失真的前提下将音量调整到最大，比如 Adobe Premiere Pro 中的素材自动增益调节。

（2）降噪（Noise Reduction）：降低或消除设备噪声、环境噪声、喷音、爆音等不应有的杂音。一般用快速傅氏变换算法（FFT）采样降噪、使用噪声门、调整均衡等方法。

（3）均衡（Equalizer）：也称为音质补偿，指通过音质均衡器对某一频率或者频带的音量进行提升或者衰减。音质均衡器按其用途可分为高音均衡器、中音均衡器、低音均衡器、多频均衡器、房间均衡器等。

（4）压限（Compress）：针对声音不同部分的音量进行增减，对某段音频中音量低于某一限度的部分进行平滑提升；对音量高于某一限度的部分进行平滑衰减，或二者同时作用。

（5）混响（Reverb）：指声音在相对封闭的空间内由于反射面的多次反射，在持续一段时间后逐渐消失的现象。声源停止发声至声音音量衰减60dB所持续的时间称为混响时间。混响时间是由房间的形状、体积、室内陈设以及墙面材料所决定的。在声音的制作过程中会经常使用各种混响设备（如混响室或混响器）模拟自然混响，表现不同的空间特性。适当设置混响，再现声音源可以更真实、更有现场感，起到修饰、美化的作用。

（6）合唱（Chorus）：这里说的合唱效果不是多人合唱，而是指声音的重叠，它可以使声音加宽、加厚，听起来像是合唱。

（7）延迟（Delay）：声音以一定速度传播，遇到障碍物后反射回来，与原声之间形成的时间差。声音的延时是室内声音特性的重要因素之一。在前期录音或后期制作中利用延时器（硬件/软件）模拟不同延时时间的反射声，并调整直接声和反射声的比例，造成各种房间的空间感。延迟不同于混响，它是原声音的直接反复，不是余韵音；延迟也不同于合唱，合唱是单纯的声音重叠，而延迟给人一种错位、延绵的感觉。

（8）变调（Pitch）：改变一段音频的音高，使音调升高或降低。

（9）变速（Stretch）：改变一段音频的时长（波形长度），使速度发生变化。

（10）声像（Pan）：声音在二维空间里的定位（立体声和左右定位）。

（11）环绕（Surround）：也叫立体声游弋，使声音的二维空间定位不断发生改变。

（12）淡入、淡出（FadeIn/Out）：使声音从无到有或从有到无（即声音的音量渐变）。

（13）静音（Silence）：即无声，使波形的振幅为零。

（14）回声（Echo）：声音的反射。

（15）声场扩展（Limit）：将音频中音量超过某一段设置值的部分限制为设置值。

此外，还有很多音频效果，比如：激励（Inspirit）、镶边（Flanger）、失真（Distortion）、哇音（Wah）等。

在Premiere Pro CS5中对音频进行处理，可以分别为音频素材或者音频轨道设置特效。

1. 为素材添加特效

Premiere Pro CS5音频素材的特效施加方法与视频素材相同，可以在效果（Effects）窗口中展开音频特效（Audio Effects）设置栏，分别在不同的音频模式文件夹中选择音频特效进行设置，如图6-24所示。

2. 为轨道添加特效

除了对轨道上的音频素材设置特效外，

图6-24　音频特效（Audio Effects）

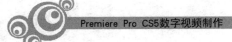

还可以直接对音频轨道添加特效。

首先在调音台中,单击最左侧的"显示/隐藏效果与发送"按钮 ▶,展开目标轨道的特效设置栏,如图 6-25 和图 6-26 所示。

单击展开的设置栏上的小三角,弹出音频特效下拉列表,选择需要使用的音频特效,如图 6-27 所示。

图 6-25　目标轨道的特效　　　　图 6-26　目标轨道的特效设置　　　图 6-27　音频特效下拉列表
　　　　　设置栏展开前　　　　　　　　栏展开后

提示:

(1) 可以在同一个音频轨道上添加多个特效,并分别控制。每个音轨最多可添加 5 个效果。

(2) 如果要调节轨道的音频特效,右击特效,在弹出的下拉列表中选择编辑进行设置。

(3) 添加的效果按照列表顺序处理,所以顺序变动会影响最终效果。

(4) 在音轨效果列表中选择效果,右击,选择"无"命令,即可删除效果。

6.3.3　任务实施

制作混响效果:

【操作思路】

为音频添加音频特效混响(Reverb),并进行参数设置。

【步骤详解】

(1) 打开完成录制音频的源文件"录音. prproj"。

(2) 使用调音台,为 Audio2 添加 Reverb(混响)音效。

① 在调音台中,单击最左侧的"显示/隐藏效果与发送"按钮 ▶,展开目标轨道的特

效设置栏。

② 在音频 2 对应的轨道音频控制器中,单击音效设置栏上的小三角,弹出音频特效下拉列表,选择需要使用的音频特效 Reverb(混响)。

Reverb 音频特效可以模拟不同尺寸的房间内部的声音情况,表现出宽阔的、传声真实的效果,增加环境感和音质的"温暖感"。

(3) 设置音频特效。

① 右击要调节的轨道音频特效,弹出下拉列表,在其中预置了许多不同的声音混响效果,可任意选择一项,如图 6-28 所示。

② 也可在弹出的下拉列表中选择"编辑"进行设置,如图 6-29 所示。

图 6-28　音频特效设置的快捷下拉列表

图 6-29　Reverb（混响）特效自定义面板

- Pre Delay(预延迟):设定混响和信号之间的时间,声音从声源发射到墙面再反射回到听众的耳中。
- Absorption(吸收):设定声音被吸收的百分比。
- Size(尺寸):设定房间大小。
- Density(密度):设定混响结束的密度,房间大小决定了密度设置的范围。
- Lo Damp:设定低频分贝,防止混响出现"隆隆声"或者浑浊。
- Hi Damp:设置高频分贝,数值低,混响效果就比较柔和。
- Mix(混合):控制混响程度。

③ 还可以对特效各参数单独进行设置,如图 6-30 所示。

(4) 预览效果并保存文件。

单击节目监视器窗口中的"播放"按钮  或按

图 6-30　Reverb（混响）特效的参数列表

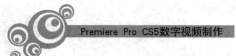

回车(Enter)键预览效果,然后保存文件。

项目总结

在 Premiere Pro CS5 中,输入音频同输入视频的方法相同,在时间线上基本编辑方法也大同小异,也可以为音频添加转场、音效。Premiere 还提供了调音台(Audio Mixer),可以调节时间线窗口对应轨道的音频对象,录制现场音频,还可以实时混合时间线窗口中各轨道的音频对象。

课后操作

为一段视频录制音频,并编辑制作,实现声画对位或声画同步的效果。再添加适当音频特效,以改善音质,增强作品的吸引力。

项目 7　影片的输出

项目导读

影片制作完成后,要做的就是将视频导出,通过多种媒体播放,或刻录成光碟与人分享。

Premiere 具有强大的输出功能,用它编辑的视频可以应用在多个领域。它不仅能输出供电视台播放的广播级视频,还能将视频刻录成 VCD 或 DVD 光盘;能输出供制作多媒体使用的在计算机上播放的小电影、小动画,还能输出高压缩比格式的视频文件以在网络传输使用,甚至仅输出音频。

知识与学习目标

技能方面:

(1) 掌握单独将项目中的音频部分以音频文件的格式导出;

(2) 掌握导出 AVI 及其他格式的视频文件;

(3) 掌握单帧图片、图片序列等格式文件的导出。

7.1　任务　视频输出

7.1.1　任务说明

将制作好的项目文件中的视频或音频输出。

7.1.2　预备知识

在时间线上编辑好的内容是不能作为独立的视音频文件使用的,完成编辑工作后,先按回车(Enter)键渲染文件、预览效果,然后保存文件,也可按需要将编辑内容输出。

选择菜单文件→导出→媒体(File→Export→Media)命令,打开导出设置(Export Settings)对话框,如图 7-1 所示。

(1) 格式(Format):选择输出的格式。Premiere 将影片输出的文件格式有很多。

① Microsoft AVI:Microsoft Video for Windows 的标准影片文件格式,扩展名为.avi。

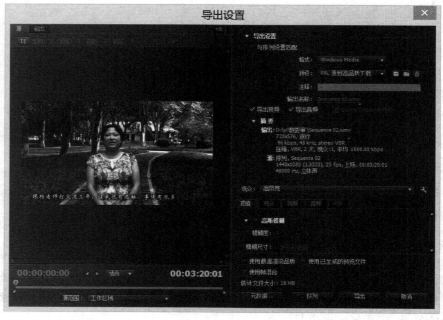

图 7-1 导出设置（Export Settings）对话框

② Windows Bitmap：扩展名为. bmp 的图形文件序列。

③ Animated GIF：扩展名为. gif 的动画影片文件格式。

④ QuickTime：QuickTime for Windows 的标准影片文件格式，扩展名为. mov。

⑤ Targa：这是一系列扩展名为. tga 的图形文件序列。

⑥ TIFF：这是一组图形文件序列，每个文件显示影片中的一帧画面，文件扩展名为. tif。

⑦ GIF：扩展名为. gif 的图形文件序列。

⑧ MPEG-1：用于 CD-ROM 制作的、扩展名为. mpg 的视频文件。（仅适用于 Windows。）

⑨ MPEG-2：用于 DVD 制作的、扩展名为. mpg 的视频文件。（仅适用于 Windows。）

⑩ FLV｜F4V：适用于 Adobe Flash Player 的 Flash 视频文件。

⑪ H. 264：适用于视频 iPod、3GPP 手机和 PSP 设备的视频文件，扩展名为. mp4。

⑫ Windows Media：扩展名为. wmv 的视频。（仅适用于 Windows。）

（2）预置（Preset）：选择输出的音、视频格式，这些都是系统自定好的。

（3）输出文件（Output Name）：设置输出文件存放的路径及文件名。

（4）输出视频（Export Video）。

（5）输出音频（Export Audio）。

提示：

单击 ◀ ▶ ，设置入点和出点，选择输出的范围。

在输出框中进行相应设置后单击 导出 按钮即可导出设置的文件格式。单击 队列 按钮，系统会启动 Adobe Media Encoder，如图 7-2 所示。

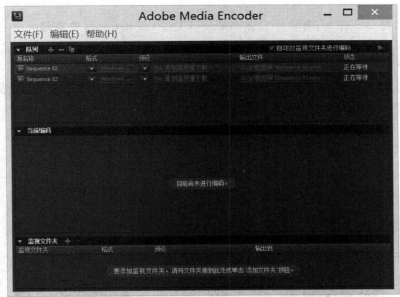

图 7-2 Adobe Media Encoder 对话框

Adobe Media Encoder 是一个视频和音频编码应用程序,视随同安装的 Adobe 应用程序而定,可提供不同的视频导出格式及专门的预设设置,以便导出与特定交付媒体兼容的文件。借助 Adobe Media Encoder,可以按适合多种设备的格式导出视频,范围从 DVD 播放器、网站、手机到便携式媒体播放器和标清及高清电视。还可以批处理多个视频和音频剪辑,加快工作流程。

在 Adobe Media Encoder 对视频文件进行编码的同时,可以添加、更改批处理队列中文件的编码设置或将其重新排序。

7.1.3 任务实施

【操作思路】

利用 Adobe Media Encoder 对 Premiere 项目文件中的各个序列进行批量输出成多个独立的视频。

【步骤详解】

(1) 打开项目文件"项目. prproj"。

(2) 选择序列 1,按回车(Enter)键渲染文件、预览效果。

(3) 选择菜单文件→导出→媒体(File→Export→Media),打开导出设置(Export Settings)对话框。

(4) 设置输出选项:选择输出格式 Format 为 Windows Media;预设(Preset)为 PAL 源到高品质下载;在输出名称(Output Name)中设置输出文件存放的路径及文件名;注重勾选输出视频(Export Video)和输出音频(Export Audio)两项。

提示：

如果只想输出视频，则只勾选输出视频（Export Video）项；若只想输出音频，则只勾选输出音频（Export Audio）项。

（5）单击 █队列█ 按钮，系统会启动 Adobe Media Encoder。

（6）同理，再在 Premiere 中分别选择序列 2、序列 3，按回车（Enter）键渲染文件，设置导出格式及文件名、路径等并单击 █队列█ 按钮到 Adobe Media Encoder 中，如图 7-3 所示。

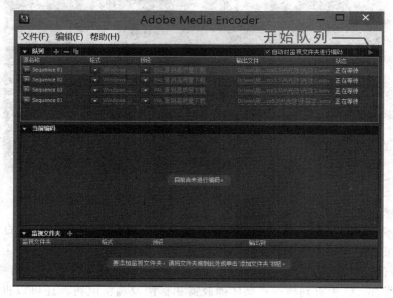

图 7-3　Adobe Media Encoder 窗口

（7）在 Adobe Media Encoder 中，选择待输出的文件，单击界面最右上角的"开始队列"按钮开始编码输出，如图 7-4 所示。

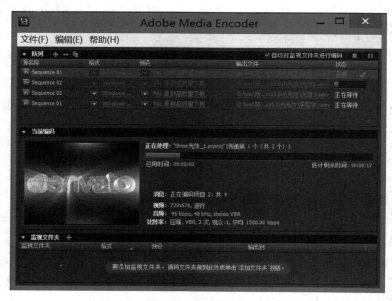

图 7-4　开始编码输出

146

（8）所有文件批量输出后关闭面板，如图 7-5 所示。

图 7-5　批量输出完毕

项目总结

视频编辑制作完后，输出的设置是非常重要的。虽然影片的清晰度一要看分辨率，二要看片源，三要看码率，视频格式并不能决定最终作品的清晰度，但是有些特定的格式决定了自身的清晰度。H264（X264 是 H264 的一种）是新生的视频编码，常见于高清视频中，压缩率高，但是要求计算机的计算能力也高，对计算机的配置要求较高。VC1 是微软推出的新一代视频编码，跟 H264 差不多。根据压缩率的比较，同一个电影，同样的清晰度，MPEG-2 的体积＞MPEG-4＞H264＝VC1。因此，输出时可以通过设置不同的视频编码以达到相对更高的清晰度。

课后操作

利用 Adobe Media Encoder 对编辑好的视频、音频文件，参照片源、使用目的等因素进行批量输出，以符合使用需求。

项目8 动感相册的制作

项目导读

电子相册具有传统相册无法比拟的优越性：图、文、声、像并茂的表现手法，永不褪色的恒久保存特性等。可以使用 Premiere 制作多媒体动感相册，将自己喜欢的图片、数码短片制作成电子相册，并将其保存为视频格式。

知识与学习目标

技能方面：综合运用 Premiere Pro CS5 的操作技巧。

8.1 任务 1 电子相册效果一

8.1.1 任务说明

在 Premiere 中将照片进行包装，制作动感而绚丽的电子相册。

8.1.2 任务实施

【操作思路】

使用字幕制作相册的背景模板，制作三组不同风格的照片转换。可以运用转场特效制作照片相互转换的序列，再将照片转换序列利用视频特效"边角定位"叠合到背景模板上，如图 8-1 所示。

图 8-1 电子相册效果图

【步骤详解】

1. 设置项目输入素材

（1）新建项目，完成项目设置，进入 Premiere Pro CS5.5。

（2）新建序列，命名为序列 01，完成序列设置。

（3）双击项目（Project）窗口，打开导入（Import）对话框，导入素材，如图 8-2 所示。

2. 使用字幕制作相册的模板底背景图片

（1）新建字幕，命名为"006"，打开"字幕"面板，使用矩形工具绘制出屏幕大小的矩形，背景填充一种图片，展开"字幕属性"栏中的"背景"命令，展开"材质"下的小三角，选择"材质"，打开路径选择 006.jpg 所需的素材链接到字幕中的合适位置，调整它们的大小及位置。效果展示如图 8-3 所示。

（2）新建字幕，命名为"006-2"，利用菜单命令字幕（Title）→标志（Logo）→插入标志（Insert Logo）导入 006-2.png 和 006-3.png，调整它们的大小、位置。效果展示如图 8-4 所示。

图 8-2　导入素材

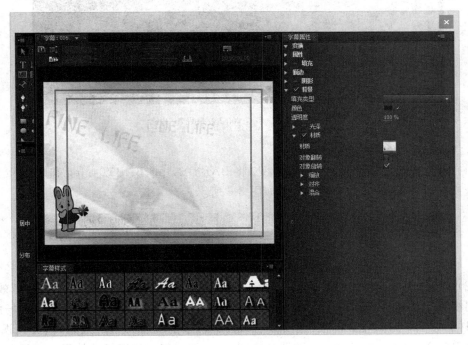

图 8-3　字幕 006 背景图片效果

（3）新建字幕，命名为"006-3"，打开"字幕"面板，选择"线性渐变"填充，颜色为#F9DFDF 和#F6C2CD，使用矩形工具绘制出屏幕大小的矩形；再利用菜单命令字幕（Title）→标志（Logo）→插入标志（Insert Logo）导入图片素材"蝴蝶 01.png"和"蝴蝶

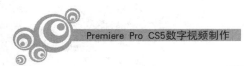

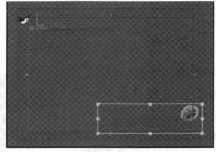

图 8-4　字幕 006-2 效果设置

02.png",调整它们的大小及位置;再使用文字工具输入"快乐至上"4 个字,选择隶书,字体大小为 56,颜色填充♯F16FB2,添加白色阴影效果,相应的效果参考,如图 8-5 所示。

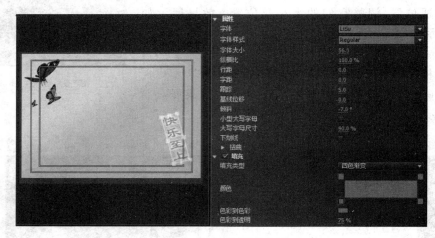

图 8-5　字幕 006-3 效果设置

3.制作第一组照片转场的效果

(1)将编辑线定位在 00:00:00:00 处,将 BABY01.jpg、BABY04.jpg 和 01.jpg 图片素材依次拖入视频 1(Video1)轨道上,如图 8-6 所示。

图 8-6　序列 01 时间线窗口视频 1 轨道

(2)打开效果(Effect)窗口,选择"视频切换"选项卡下"划像"组中的"圆划像"效果,拖放到视频 1 轨道上 BABY01.jpg 和 BABY04.jpg 两图片之间,为图片添加转场的效果;同样的方法,选择"视频切换"选项卡下"划像"组中的"菱形划像"效果,拖放到视频 1 轨道上 BABY04.jpg 和 H01.jpg 两图片之间,达到图片间过渡流畅的效果。位置参考设置如图 8-7 所示。

图 8-7　视频 1 轨道图片转场的效果

4. 制作第一组照片与背景模板叠合的效果

（1）新建序列，命名为序列02，完成序列设置。

（2）将编辑线定位在00:00:00:00处，将"背景图1.jpg"图片素材拖入视频1（Video1）轨道上，选中该对象，右击，单击"速度/持续时间"按钮，将其设置为00:00:05:23s。

（3）将编辑线定位在00:00:00:00处，将制作完成的"序列01"文件拖入视频2（Video2）轨道上，将其设置为00:00:05:23s，与"背景图1.jpg"图片素材的尾部对齐；选中该对象，展开特效控制台（Effect Control）面板，单击"缩放比例"按钮，将其等比例缩放为56，完成效果的设置，如图8-8所示。

（4）运动效果设置完成之后，仍然选中该对象，再打开效果（Effect）窗口，选择"视频效果"选项卡下"扭曲"组中的"边角固定"效果，将"边角固定"效果拖放到选中的对象上，设置效果的基本参数，将照片定位到背景的相关区域，如图8-9所示。

图8-8 轨道2中序列01运动参数的设置

图8-9 边角固定参数的设置

（5）按照上述同样的方法，设置右下角的画中画效果，如图8-10和图8-11所示。

图8-10 轨道3中序列01运动参数的设置

图8-11 边角固定参数的设置

5. 制作第二组照片与背景模板叠合的效果

（1）新建序列，命名为"序列03"，完成序列设置。

（2）将编辑线定位在00:00:00:00处，将H03.jpg、H04.jpg和儿童01.jpg图片素材依次拖入视频1（Video1）轨道上，如图8-12所示。

图8-12 序列03时间线窗口视频1轨道

（3）打开效果（Effect）窗口，选择"视频切换"选项卡下"擦除"组中的"带状擦除"效果，拖放到视频1轨道上H03.jpg和H04.jpg两图片之间，为图片添加转场的效果；同样的方法，选择"视频切换"选项卡下"擦除"组中的"风车"效果，拖放到视频1轨道上H04.jpg和儿童01.jpg两图片之间，达到图片间过渡流畅的效果。位置参考设置如图8-13所示。

图8-13　视频1轨道图片转场的效果

（4）新建序列，命名为"序列04"，完成序列设置。

（5）将编辑线定位在00:00:00:00处，将"006"字幕拖入视频1（Video1）轨道上，选中该对象，右击，单击"速度/持续时间"按钮，将其设置为00:00:09:00s。

（6）将编辑线定位在00:00:00:00处，将制作完成的"序列03"文件拖入视频2（Video2）轨道上，将其设置为00:00:09:00s，与006字幕的尾部对齐；选中该对象，展开特效控制台（Effect Control）面板，单击"缩放比例"按钮，将其等比例缩放为55，位置设置为（386,288），旋转设置为14°。完成效果的设置，如图8-14所示。

图8-14　轨道2中序列03运动效果的设置

（7）将编辑线定位在00:00:00:00处，将006-2字幕拖入视频3（Video3）轨道上，选中该对象，右击，单击"速度/持续时间"按钮，将其设置为00:00:09:00s。

6. 新建序列，命名为"照片包装1"，完成序列设置

（1）将编辑线定位在00:00:00:00处，将制作完成的"序列02"拖入视频1（Video1）轨道上。

（2）将编辑线定位在00:00:05:23处，将006-3字幕拖入视频1（Video1）轨道上，选中该对象，右击，单击"速度/持续时间"按钮，将其设置为00:00:03:00s。

（3）将编辑线定位在00:00:05:18处，将BABY03.jpg图片素材拖入视频2（Video2）轨道上，与006-3字幕的尾部对齐，与视频1（Video1）轨道上的"序列02"叠合放置。

（4）打开效果（Effect）窗口，选择"视频切换"选项卡下"划像"组中的"星形划像"效果，将"星形划像"效果拖放到"序列02"的尾部，将效果的持续时间设置为00:00:00:12s，制作视频间转场的效果；再选择"星形划像"效果，拖入BABY03.jpg图片的头部，设置效果的持续时间为00:00:00:07s，如图8-15所示。

图8-15　照片包装1中转场的效果设置

7．新建序列，命名为"照片包装2"，完成序列设置

（1）将编辑线定位在00：00：00：00处，将制作完成的"序列04"拖入视频1（Video1）轨道上。

（2）将编辑线定位在00：00：09：00处，将006-3字幕拖入视频1（Video1）轨道上，选中该对象，右击，单击"速度/持续时间"按钮，将其设置为00：00：03：00s。

（3）将编辑线定位在00：00：09：00处，将"儿童03.jpg"图片素材拖入视频2（Video2）轨道上，选中该对象，右击，单击"速度/持续时间"按钮，将其设置为00：00：04：00s，与006-3字幕的尾部对齐，与视频1（Video1）轨道上的"序列04"叠合放置。

（4）打开效果（Effect）窗口，选择"视频切换"选项卡下"擦除"组中的"水波块"效果，将"水波块"效果拖放到"序列04"的尾部，将效果的持续时间设置为00：00：01：00s，制作视频间转场的效果；再选择"水波块"效果，拖入"儿童03.jpg"图片的头部，设置效果的持续时间为00：00：01：00s，如图8-16所示。

图8-16　照片包装2中转场的效果设置

8．新建序列，命名为"照片包装3"，完成序列设置

（1）将编辑线定位在00：00：00：00处，将"背景图1.jpg"、006字幕和006-3字幕图片素材依次拖入视频1（Video1）轨道上。

（2）将编辑线定位在00：00：00：00处，将"儿童04.jpg"、H03.jpg和"儿童03.jpg"图片素材依次拖入视频2（Video2）轨道上。

（3）选中"儿童04.jpg"对象，打开效果（Effect）窗口，选择"视频效果"选项卡下"扭曲"组中的"边角固定"效果，将边角固定效果拖放到选中的对象上，设置效果的基本参数，制作图片扭曲的效果，如图8-17所示。

（4）选中H03.jpg对象，按照上述同样的步骤方法，打开效果（Effect）窗口，选择"视频效果"选项卡下"扭曲"组中的"边角固定"效果，将边角固定效果拖放到选中的对象上，设置效果的基本参数，制作图片扭曲的效果，如图8-18所示。

图8-17　儿童04.jpg边角固定效果

图8-18　H03.jpg边角固定效果

（5）选中"儿童03.jpg"对象，打开特效控制台（Effect Controls）面板，展开运动（Motion）设置。对其进行等比例缩放、旋转设置，然后给图片添加投影的效果，如图8-19

和图 8-20 所示。

图 8-19 缩放及旋转的设置

图 8-20 投影效果的设置

(6) 将编辑线定位在 00：00：00：00 处，将 BABY01.jpg 图片素材和 006-2 字幕依次拖入视频 3(Video3)轨道上。

(7) 选中 BABY01.jpg 对象，打开效果(Effect)窗口，选择"视频效果"选项卡下"扭曲"组中的"边角固定"效果，将边角固定效果拖放到选中的对象上，设置效果的基本参数，制作画中画效果，如图 8-21 所示。

(8) 制作图片的转场效果。选中需要加效果的轨道中的图片，打开效果(Effect)面板，单击"视频切换"选项卡下"划像"组中的"圆划像、星形划像"效果，将"圆划像"和"星形划像"效果分别拖到轨道上的两张图片之间，如图 8-22 所示。

图 8-21 边角固定效果的设置

图 8-22 转场效果设置

9. 新建序列，命名为合成项目，完成序列设置。

(1) 将编辑线定位在 00：00：00：00 处，将素材"序列 01_1.tga"视频文件拖到视频 1(Video1)轨道上；将编辑线定位在 00：00：03：08 处，截取最后 17s 的"序列 01_1.tga"视频文件，将其拖到视频 1(Video1)轨道上，将字幕画面延长。

(2) 将编辑线定位在 00：00：04：00 处，将"照片包装 1"序列、"照片包装 2"序列、"照片包装 3"序列拖到轨道上叠合放置，如图 8-23 所示。

(3) 打开效果(Effect)窗口，选择"视频效果"选项卡下"过渡"组中的"百叶窗"效果，将百叶窗效果拖放到"照片包装 1"序列的头部，设置效果的基本参数，制作视频间转场的效果。

图 8-23 序列合成拖放的位置

(4) 打开效果(Effect)窗口,选择"视频切换"选项卡下"滑动"组中的"多旋转"效果,将多旋转效果拖放到"照片包装 2"序列的头部,再选择"视频切换"选项卡下"滑动"组中的"带状滑动"效果,将带状滑动效果拖放到"照片包装 2"序列的尾部,设置效果的基本参数,制作视频间转场的效果,如图 8-24 所示。

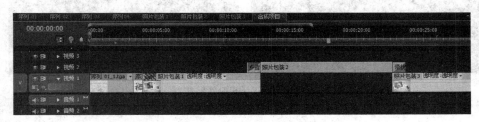

图 8-24 序列转场的效果

10. 添加音频设置

(1) 将编辑线定位在 00:00:00:00 处,将素材"片头卡通.mp3"音频拖到音频 1 (Audio1)轨道上,使用剃刀工具将它剪短,与"序列 01_1.tga"视频文件的尾部对齐。

(2) 同样的方法,将编辑线定位在 00:00:04:00 处,将素材"轻松音乐.mp3"音频拖到音频 1(Audio1)轨道上,将它重复地拖到音频 1(Audio1)上,直到超出上面的视频 1 的时间,之后再使用剃刀工具将最后面的音频素材剪短,与视频 1 轨道中文件尾部对齐,如图 8-25 所示。

图 8-25 合成项目添加音频效果

11. 渲染、预览效果,存储作品

(1) 按回车(Enter)键渲染、预览效果;

(2) 选择文件(File)→保存(Save)命令,保存制作的文件。

8.2 任务2 电子相册效果二

8.2.1 任务说明

在 Premiere 中将照片进行包装,制作成一个立体翻页的相册效果,如图 8-26 所示。

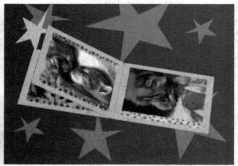

图 8-26 电子相册效果图

8.2.2 任务实施

【操作思路】

利用字幕模板处理好相册的封面、封底和内页的包装画面;应用"视频效果"→"扭曲"→"变换"和"视频效果"→"变换"→"摄像机视图"等特效关键帧动画,在三个轨道中完成连续的翻页效果。

【步骤详解】

1. 设置项目导入素材

(1) 新建项目,完成项目设置,进入 Premiere Pro CS5.5。

(2) 新建序列 1,命名为"装饰图片",完成序列设置。

(3) 双击项目(Project)窗口,打开导入(Import)对话框,导入所需的素材。

2. 使用字幕制作封面、封底的效果

(1) 新建字幕,命名为"封面",打开"字幕"面板,使用矩形工具绘制出一个屏幕大小的矩形框,选择材质链接一张"相册背景图.tga"图片,填充背景,如图 8-27 所示。

(2) 在背景图上,使用文字工具,输入"宠物猫"三个字,字体设置为方正粗倩简体,字号为 120px,颜色填充"四色渐变"♯F5FF96、♯B3FF00、♯FFAA00、♯F0FF00,外描边设置为♯FFFFFF;换行输入"画册"两个字,字体设置为方正粗倩简体,字号为 100px,颜色填充♯FFEE00,并且为每个字分别添加阴影的效果。参照效果设置如图 8-28 所示。

(3) 在封面字幕基础上,单击 (基于当前字幕新建字幕)按钮,名称改为"封底",单

图 8-27 制作字幕背景

图 8-28 文字效果的设置

击"确定"按钮。删掉"宠物猫"这三个字,将"画册"改为"END"。效果参考如图 8-29 所示。

图 8-29 封底字幕的效果

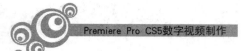

3. 使用字幕制作"装饰 01"的效果

（1）新建字幕，命名为"装饰 01"，打开"字幕"面板，使用矩形工具绘制出两个矩形框，分别在屏幕的顶部和底部，颜色都填充♯F3CA7E，降低不透明度为 50％。

（2）利用菜单命令字幕（Title）→标志（Logo）→插入标志（Insert Logo）分别导入图像 flwrtop1.png 和 flwrlow2.png 到字幕窗口中，利用选择工具调整图片的大小和位置置放在矩形条上。效果参考如图 8-30 所示。

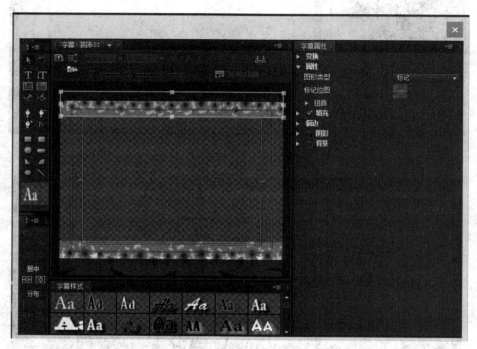

图 8-30　"装饰 01"的效果

4. 使用字幕制作"装饰 02"的效果

新建字幕，命名为"装饰 02"，打开"字幕"面板，使用矩形工具在屏幕的底部绘制出一个矩形框，选择材质，链接一张 flowers_low3.tga 图片，填充背景图案，利用选择工具调整图片的大小和位置。效果参考如图 8-31 所示。

5. 使用字幕制作"装饰 03"的效果

新建字幕，命名为"装饰 03"，利用菜单命令字幕（Title）→标志（Logo）→插入标志（Insert Logo）导入 1080_retro_low3.png 图片，利用选择工具调整图片的大小和位置。效果参考如图 8-32 所示。

6. 制作背景图

新建字幕，命名为"背景图"，利用菜单命令字幕（Title）→标志（Logo）→插入标志（Insert Logo）导入 1080_stars_full.png，利用选择工具调整图片的大小和位置。效果参考如图 8-33 所示。

7. 制作白色蒙版

选择"文件"选项卡下"新建"组中的"彩色蒙版"，弹出"新建"对话框，单击"确定"按

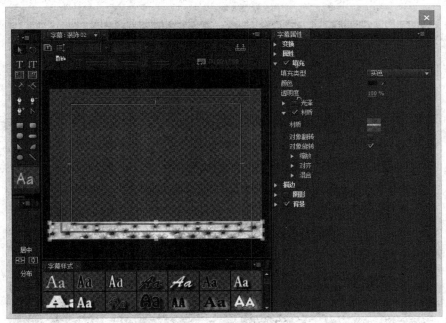

图 8-31 "装饰 02"的效果

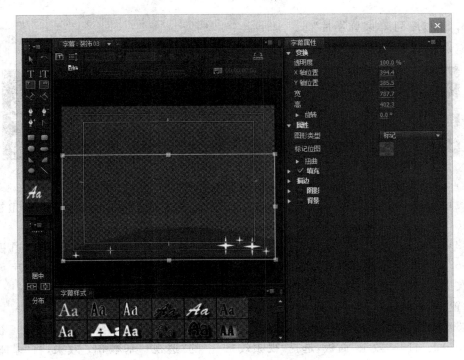

图 8-32 "装饰 03"的效果

钮；弹出"拾色器"部分，选择♯DEDEDE 颜色，单击"确定"按钮；命名为"白色蒙版"，最后
单击"确定"按钮。

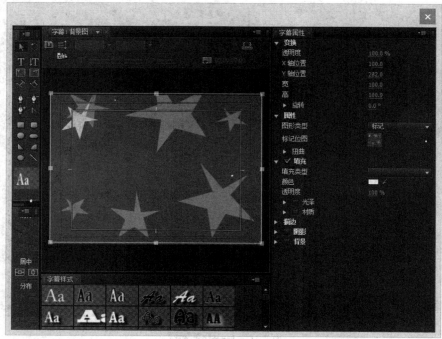

图 8-33　背景图效果

8. 制作序列 1"装饰图片"

效果如图 8-34 所示。

图 8-34　"装饰图片"序列效果

（1）将编辑线定位在 00:00:00:00 处,将制作好的"白色蒙版"拖到视频轨道视频 1（Video1）上,将持续时间改为 00:01:00:00。

（2）将编辑线定位在 00:00:00:00 处,将制作好的"封面"拖到视频轨道视频 2（Video2）上;将编辑线定位在 00:00:05:00 处,将宠物猫文件夹中的宠物猫图片所有素材依次拖到视频 2（Video2）轨道上,分别选中每一张宠物猫图片素材,打开"效果控制"面板,设置"缩放"属性,等比例缩放为 85%,如图 8-35 所示。

（3）将编辑线定位在 00:00:55:00 处,将制作好的"封底"字幕拖到视频轨道视频 2（Video2）上,打开"效果"面板,选择"视频效果"中的"透视—基本 3D"效果,将"基本 3D"效果拖到"封底"字幕上。效果参数设置,如图 8-36 所示。

（4）将编辑线定位在 00:00:05:00 处,将制作好的"装饰 01"、"装饰 02"、"装饰 03"字幕依次拖到视频轨道视频 3（Video3）上;分别将这三个字幕的持续时间设置为 00:00:15:00s、00:00:15:00s 和 00:00:20:00s;然后分别选中每一个字幕,打开"效果控制"面

板,设置"缩放"属性,等比例缩放为85%。

图8-35 宠物照片缩放效果

图8-36 封底基本3D效果设置

(5)将编辑线定位在00:00:05:00处,单击鼠标右键,单击选项卡下"显示标记"按钮,目的是将此时间轴处作为标记,方便对视频间段的查找。按照同样的方法将编辑线定位在00:00:10:00处、00:00:15:00处、00:00:20:00处、00:00:25:00处、00:00:30:00处、00:00:35:00处、00:00:40:00处、00:00:45:00处、00:00:50:00处、00:00:55:00处,分别单击鼠标右键,单击"显示标记"命令,都可以将这些时间轴处作为标记,方便对视频间段的查找。

9. 制作序列2"翻动画册"

(1)新建序列2,命名为"翻动画册",完成序列设置。

(2)从项目窗口中将序列1"装饰图片"移至"翻动画册"时间线的视频1(Video1)轨道中,将其选中,然后选择菜单命令素材(Clip)→解除视音频链接(Unlink),将其视音频分离,再删除音频部分。

(3)选中视频1(Video1)轨道中的视频,按Ctrl+C键复制,然后单击视频2(Video2)轨道,按Ctrl+V键粘贴,再单击Video3轨道,按Ctrl+V键粘贴。这样在三个视频轨道中都放置"装饰图片"视频。

(4)单击启用视频2(Video2)轨道的锁定图标,在每隔5s所在的标记处依次按Ctrl+K键分割开。

(5)取消视频2(Video2)轨道的锁定状态,将视频2(Video2)轨道中的"装饰图片"的入点移至第7秒处,用 ▦(轨道选择工具,快捷键为A键)将视频3(Video3)轨道中的素材整体移动,使其入点为第5秒处。然后再恢复 ▸(选择工具,快捷键为V),如图8-37所示。

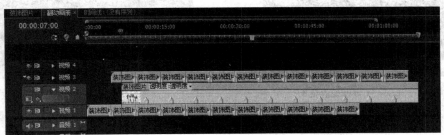

图8-37 移动素材

（6）打开效果（Effect）面板，展开视频效果（Video Effect）选项卡下的扭曲（Distort）组中的变换（Transform）按钮，将"变换"效果拖至时间线中 Video1 轨道中的第一段的素材，打开特效控制台（Effect Controls）面板，展开"变换"效果的设置，在 00:00:03:00 和 00:00:04:00 处制作"锚点"属性关键帧动画，如图 8-38 和图 8-39 所示。

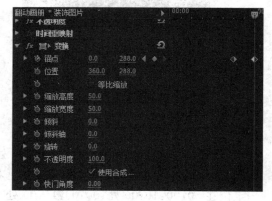

图 8-38　第一个关键帧处的设置　　　　　　　　图 8-39　第二个关键帧处的设置

（7）再选中时间线中视频 1（Video1）轨道中的第一段素材，打开"效果"面板，选择"视频效果"→"变换"→"摄像机视图"效果，将"摄像机视图"效果拖入该对象上，展开"摄像机视图"效果的设置。

（8）将编辑线定位在 00:00:03:00 处，分别单击"摄像机视图"中"纬度"和"滚动"属性旁边的关键帧开关，将其激活为，关键帧记录器被打开，右侧的时间线上会出现一个当前位置关键帧，分别调整在当前帧"纬度"和"滚动"的参数，制作摄像机的效果，如图 8-40 所示。

（9）将编辑线定位在 00:00:04:00 处，单击关键帧导航器中按钮，分别添加"纬度"和"滚动"属性的关键帧，并调整相应参数值，制作对象摄像机的效果，如图 8-41 所示。

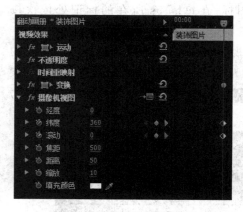
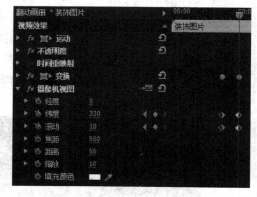

图 8-40　第一个关键帧处的设置　　　　　　　　图 8-41　第二个关键帧处的设置

（10）在特效控制台（Effect Controls）窗口选中第一段素材的变换（Transform）和摄影机视图（Camera）这两个效果，按 Ctrl＋C 键复制，再选中视频 1（Video1）轨道中剩余的其他素材段,按 Ctrl＋V 键粘贴。这样使这些素材均具有相同的效果。可以暂时关闭视频 2(Video2)和视频 3(Video3)轨道的显示,查看粘贴后的效果。

(11) 同理,依次制作翻页前和翻页后的效果,同样,再将这两个效果粘贴到视频 2 (Video2)轨道中的素材和视频 3(Video3)轨道中的第一段素材上,使这些素材均具有同样的效果。

(12) 打开视频 2(Video2)和视频 3(Video3)轨道的显示,选中视频 3(Video3)轨道中的第一段素材,在其特效控制台(Effect Controls)面板,对其进行动画设置。将时间线移至这段素材的入点即第 5 秒处,展开效果的参数设置,如图 8-42 所示。

图 8-42　5秒关键帧处的设置

图 8-43　7秒关键帧处的设置

(13) 将时间线移至这段素材的入点即第 7 秒处,将经度设为 180,这样图片被反转到左侧,参数设置,如图 8-43 所示。

(14) 选中 Video3 轨道中第一段素材的变换 (Transform)和摄影机视图(Camera View)这两个效果,按 Ctrl＋C 键复制,再选中视频 3(Video3) 轨道中剩余的其他素材段,按 Ctrl＋V 键粘贴。这样使这些素材均具有相同的效果,如图 8-44 所示。

图 8-44　复制效果设置

10. 设置封面内侧的空白页

(1) 为封面设置一个空白页。在项目窗口中将"白色蒙版"拖至时间线窗口中视频 3(Video3) 轨道上方的空白处时,会自动将其放置在添加的视频 4(Video4)轨道中,将"白色蒙版"持续时间设置为 4s,与视频 3(Video3)轨道中的第一段素材的尾部对齐,如图 8-45 所示。

(2) 选中视频 3(Video3)轨道中第一段素材的变换(Transform)和摄影机视图 (Camera)这两个效果,按 Ctrl＋C 键复制,再选中视频 4(Video4)轨道中的"白色蒙版", 按 Ctrl＋V 键粘贴,这样使这些素材均具有相同的效果。

(3) 预览动画效果在 10s 之后,Video2 轨道中的素材又显示出封面画面,可以将 12s 之前的部分减掉,然后从项目窗口中将"白色蒙版"拖至 Video2 轨道中放置在被减掉的 10s～12s 之间。

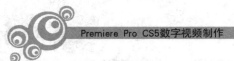

图 8-45　裁剪翻页素材

（4）选中视频 2（Video2）轨道中"装饰图片"素材的变换（Transform）和摄影机视图（Camera）这两个效果，按 Ctrl＋C 键复制，再选中视频 2（Video2）轨道中的"白色蒙版"，按 Ctrl＋V 键粘贴，这样使这些素材均具有相同的效果，如图 8-46 所示。

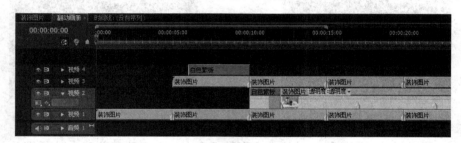

图 8-46　复制效果

（5）对封底进行设置，在时间线窗口中删除视频 1（Video1）轨道中最后一段素材，从项目窗口中，将"白色蒙版"拖至时间线窗口中的视频 1（Video1）轨道中被删除的最后一段素材处，长度与原最后一段素材相同，如图 8-47 所示。

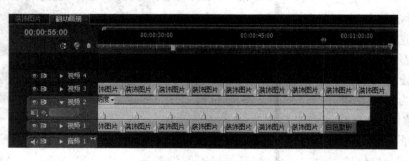

图 8-47　白色蒙版拖放位置

（6）选中视频 1（Video1）轨道中"装饰图片"素材的变换（Transform）和摄影机视图（Camera）这两个效果，按 Ctrl＋C 键复制，再选中视频 1（Video1）轨道中的"白色蒙版"，按 Ctrl＋V 键粘贴，这样使这些素材均具有相同的效果。

（7）再从项目窗口中将"白色蒙版"拖至时间线视频 4（Video4）轨道中，将持续时间设置为 1s，与视频 3（Video3）中的最后一段素材对齐，如图 8-48 所示。

（8）选中视频 3（Video3）轨道中"装饰图片"素材的变换（Transform）和摄影机视图（Camera）这两个效果，按 Ctrl＋C 键复制，再选中视频 4（Video4）轨道中最后的"白色蒙

图 8-48 白色蒙版拖放位置

版",按 Ctrl＋V 键粘贴,这样使这些素材均具有相同的效果。

11. 新建序列 3,制作合成相册

(1) 新建序列 3,命名为"宠物画册",完成序列设置。

(2) 将编辑线定位在 00:00:00:00 处,将"背景图"字幕拖到"宠物画册"序列的视频轨道视频 1(Video1)中,将持续时间改为 00:01:05:00。

(3) 将编辑线定位在 00:00:00:00 处,将"翻动画册"序列 2 拖到序列 3 的视频轨道视频 2(Video2)中,与背景图的持续时间达到一致。

(4) 将编辑线定位在 00:00:03:00 处,打开特效控制台(Effect Controls)面板,展开运动(Motion)设置,分别单击位置(Position)和缩放(Scale)属性旁边的关键帧开关,将其激活为,关键帧记录器被打开,右侧的时间线上会出现一个当前位置关键帧,调整在当前帧的位置(Position)的参数,如图 8-49 所示。

(5) 将编辑线定位在 00:00:04:00 处,单击关键帧导航器中按钮,分别添加位置(Position)和缩放(Scale)属性的关键帧,并调整相应参数值,制作对象运动缩放的效果,如图 8-50 所示。

图 8-49 第一个关键帧处的设置

图 8-50 第二个关键帧处的设置

(6) 将编辑线定位在 00:00:55:00 处,单击关键帧导航器中按钮,分别添加位置(Position)和缩放(Scale)属性的关键帧,不调整相应参数值,制作对象的运动效果,如图 8-51 所示。

(7) 将编辑线定位在 00:01:00:04 处,单击关键帧导航器中按钮,分别添加位置(Position)和缩放(Scale)属性的关键帧,调整参数值,制作对象运动缩放的效果,如图 8-52 所示。

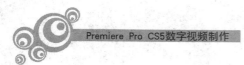

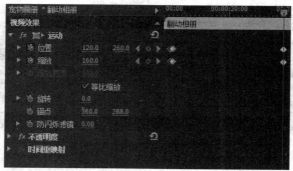

图 8-51　第三个关键帧处的设置

图 8-52　第四个关键帧处的设置

12. 渲染、预览效果，存储作品
（1）按回车（Enter）键渲染、预览效果；
（2）选择文件（File）→保存（Save）命令，保存制作的文件。

项目总结

运用 Premiere 时要提高对不同序列时间线间的关系、不同轨道图层间的关系及多段动画设置的控制能力，使得视频效果更加绚丽，内容更加丰富。

课后操作

1. 制作影视预告片：选取某部影片中的精华片段，重新剪辑制作成一部小短片，以吸引观众的关注度。
2. 制作动感艺术电子相册。

参 考 文 献

［1］ 李琳.影视剪辑实训教材［M］.北京：中国广播电视出版社,2009.

［2］ 卢锋.数字视频设计与制作技术［M］.北京：清华大学出版社,2011.

［3］ 唐守国,王健.Premiere Pro CS5 中文版从新手到高手［M］.北京：清华大学出版社,2011.

［4］ 张炜.浅谈非线性编辑技术在影视后期制作当中的应用［J］.中国科技博览,2010(29).

［5］ 朱晓彧,严守一.如何发挥字幕在电视娱乐节目中的作用［J］.今传媒,2005(8).